跟着电网企业劳模学系列培训教材

汽轮机流量特性与机网协调控制

国网浙江省电力有限公司　组编

张宝　顾正皓　樊印龙　编著

中国电力出版社

CHINA ELECTRIC POWER PRESS

内 容 提 要

本书是"跟着电网企业劳模学系列培训教材"之《汽轮机流量特性与机网协调控制》分册,围绕汽轮发电机组的机网协调这一中心问题,以汽轮机流量特性为主线,从汽轮机调速系统特性、流量特性、配汽方式改造与优化、汽轮机与一次调频的关系、汽轮机及调速系统建模、汽轮机转速飞升抑制与汽门快控、汽轮机与电力系统低频振荡等方面进行深入的分析与论述,部分内容结合实际工程应用,给出了具体的实例。

本书可供从事火力发电设计、运行、试验与维护的工程技术人员参考。

图书在版编目(CIP)数据

汽轮机流量特性与机网协调控制 / 张宝,顾正皓,樊印龙编著;国网浙江省电力有限公司组编. —北京:中国电力出版社,2020.6

跟着电网企业劳模学系列培训教材

ISBN 978-7-5198-4215-4

Ⅰ. ①汽… Ⅱ. ①张… ②顾… ③樊… ④国… Ⅲ. ①蒸汽透平—技术培训—教材 Ⅳ. ①TK26

中国版本图书馆 CIP 数据核字(2020)第 019472 号

出版发行:中国电力出版社

地　　址:北京市东城区北京站西街 19 号(邮政编码 100005)

网　　址:http://www.cepp.sgcc.com.cn

责任编辑:穆智勇(zhiyong-mu@sgcc.com.cn)

责任校对:黄　蓓　郝军燕

装帧设计:赵姗姗

责任印制:石　雷

印　　刷:三河市百盛印装有限公司

版　　次:2020 年 6 月第一版

印　　次:2020 年 6 月北京第一次印刷

开　　本:710 毫米×980 毫米　16 开本

印　　张:16

字　　数:225 千字

印　　数:0001—1500 册

定　　价:65.00 元

编 委 会

丛书序

　　国网浙江省电力有限公司在国家电网有限公司领导下，以努力超越、追求卓越的企业精神，在建设具有卓越竞争力的世界一流能源互联网企业的征途上砥砺前行。建设一支爱岗敬业、精益专注、创新奉献的员工队伍是实现企业发展目标、践行"人民电业为人民"企业宗旨的必然要求和有力支撑。

　　国网浙江公司为充分发挥公司系统各级劳模在培训方面的示范引领作用，基于劳模工作室和劳模创新团队，设立劳模培训工作站，对全公司的优秀青年骨干进行培训。通过严格管理和不断创新发展，劳模培训取得了丰硕成果，成为国网浙江公司培训的一块品牌。劳模工作室成为传播劳模文化、传承劳模精神，培养电力工匠的主阵地。

　　为了更好地发扬劳模精神，打造精益求精的工匠品质，国网浙江公司将多年劳模培训积累的经验、成果和绝活，进行提炼总结，编制了《跟着电网企业劳模学系列培训教材》。该丛书的出版，将对劳模培训起到规范和促进作用，以期加强员工操作技能培训和提升供电服务水平，树立企业良好的社会形象。丛书主要体现了以下特点：

　　一是专业涵盖全，内容精尖。丛书定位为劳模培训教材，涵盖规划、调度、运检、营销等专业，面向具有一定专业基础的业务骨干人员，内容力求精练、前沿，通过本教材的学习可以迅速提升员工技能水平。

　　二是图文并茂，创新展现方式。丛书图文并茂，以图说为主，结合典型案例，将专业知识穿插在案例分析过程中，深入浅出，生动易学。除传统图文外，创新采用二维码链接相关操作视频或动画，激发读者的阅读兴趣，以达到实际、实用、实效的目的。

　　三是展示劳模绝活，传承劳模精神。"一名劳模就是一本教科书"，丛书对劳模事迹、绝活进行了介绍，使其成为劳模精神传承、工匠精神传播的载体和平台，鼓励广大员工向劳模学习，人人争做劳模。

丛书既可作为劳模培训教材，也可作为新员工强化培训教材或电网企业员工自学教材。由于编者水平所限，不到之处在所难免，欢迎广大读者批评指正！

最后向付出辛勤劳动的编写人员表示衷心的感谢！

丛书编委会

前　言

　　从装机容量上看，汽轮发电机组在我国电网中占绝对的优势，承担了绝大部分发电任务，其控制特性与电网安全经济运行密切相关。近年来，国内建成、投运了多条交、直流特高压远距离输电工程，基本实现了电力系统全国互联。在此形势下，以上海汽轮机厂超超临界 1000MW 汽轮机为代表的新型节流配汽汽轮发电机组和以光伏、风电为代表的新能源发电机组大规模并网运行，电网不断演化，结构与组成日趋复杂，汽轮发电机组与电网的关系更加密切，电网对汽轮发电机组辅助服务的需求愈发迫切，机网协调问题更显重要。

　　汽轮机调速系统是确保机组安全经济稳定运行的关键设备，也是实现汽轮发电机组涉网控制的主要执行环节，因汽轮机调速系统异常而导致的机组能耗水平高、运行不稳定、汽轮机超速以及电力系统低频振荡等问题屡见不鲜。这些问题涉及机务、热控与电气等多个专业，不少机组被其所困，多年得不到解决，机组与电网运行安全不时受到威胁。多年来，国网浙江省电力有限公司电力科学研究院汽机技术领域的专业人员从机务角度对上述问题进行了持续深入的研究，梳理其中的代表性问题，逐一进行分析，并结合具体工程将相关研究成果付诸实践，取得了良好的效果。分析表明，影响汽轮发电机组机网协调能力的关键因素有汽轮机流量特性和汽轮机转速飞升抑制功能两个。汽轮机流量特性影响着汽轮机发电组一次调频等机网协调能力，也制约着汽轮机顺序阀方式投运的水平与调速系统建模结果的准确性，与很多电力系统低频振荡现象密切相关，准确掌握汽轮机流量特性是做好汽轮机涉网控制工作的前提。汽轮机转速飞升抑制与汽门快控功能直接影响到危急情况下机组与电网的控制能力，可将故障的影响控制在预想的范围内。为此，本书以汽轮机流量特性为主线，围绕汽轮机顺序阀方式投运、调速系统建模、一次调频、转速飞升抑制、电力系统低频振荡等方面的问题展开分析与论述，力求做到通俗易懂；给出的具体应用案例也以实用为主，可以让读者直接移植借鉴应用。作者希望借此书与业内读者开展交流，共同学习提高，以进一步提高汽轮发电机组机网协调工作能力，保证机组与电网的安全运行。

本书的第一、七章由顾正皓编写，第二、三章由樊印龙编写，第四、五、六、九章由张宝编写，第八章由张宝、顾正皓共同编写，全书由樊印龙统稿。本书在编写过程中得到了国网浙江省电力有限公司、国网浙江省电力有限公司电力科学研究院各级领导的大力支持，在此表示感谢。

由于编者水平所限，书中难免存在许多不足之处，敬请读者批评指正。

编　者

2020 年 5 月

目　录

立足现场需求，创新驱动发展

——记李凤瑞劳模创新工作室大型汽轮机监测与诊断技术团队

国网浙江省电力有限公司李凤瑞劳模创新工作室由国家电网有限公司劳动模范、国网浙江省电力有限公司电力科学研究院副总工程师李凤瑞领衔。大型汽轮机监测与诊断技术是李凤瑞劳模创新工作室的一个研究方向，成立了专门的技术团队。

大型汽轮机监测与诊断技术团队主要从事机网协调、机组性能测试与优化、机组振动处理及故障诊断等技术服务与技术开发工作。在机网协调工作方面，团队先后完成了机组一次调频试验与优化、汽轮机配汽特性研究与优化、原动机及其调速器参数测试与建模、汽轮机转速飞升抑制关键技术、原动机涉网调节功能建模与仿真、基于网源协调的联合循环机组运行方式等课题的研究工作，解决了汽轮机涉网控制领域的众多难题。在机组性能测试与优化方面，完成了大型汽轮机组滑压优化、冷端优化、节流配汽机组运行优化、凝结水泵变频改造与深度节能优化、大型机组无电泵启动、机组深度调峰安全经济运行等课题的研究工作，提高了机组能效测量的准确性与运行的经济性。在机组振动处理及故障诊断工作方面，完成了 600MW 机组振动综合治理、单支撑超超临界机组振动处理、大型燃气轮机振动试验研究、发电厂重要辅机振动治理、汽轮发电机组复杂振动故障治理等课题的研究，提高了机组运行的安全性。

"十二五"以来，大型汽轮机监测与诊断技术团队共获得浙江省科学技术奖 4 项，中国电力科学技术奖 3 项，国家能源局电力安全生产科技成果二等奖 1 项，全国电力职工技术成果二等奖 1 项，中国电力建设科学技术成果一等奖 1 项和浙江电力科学技术一等奖 6 项、二等奖 1 项。今后，大型汽轮机监测与诊断技术团队将继续以李凤瑞劳模创新工作室为依托，发挥劳模精神，立足现场工作，增强攻关能力，提高创新水平，培育一流队伍，为建设一流的劳模创新工作室而奋勇前进。

第一章

汽轮机调速
系统特性

　　由于电力系统的实时平衡特性，发电设备必须能进行自动调节，保证发电与用电保持平衡，以及供电的质量，即功率、频率和电压的稳定。对于汽轮发电机组，在稳定运行时，汽轮机的机械力矩与发电机的电磁阻力矩相等。当外界用电负荷发生改变时，转子上的力矩失去平衡，从而使汽轮机的转速发生改变，汽轮机的调速系统通过感受转速的变化，调节自身所输出的机械力矩，使转速恢复到额定值，这种根据转速进行调节的系统称为调速系统。现代汽轮机调速系统不仅根据转速进行调节，同时还响应来自电网的功率指令，因此被称为功频电液调节系统。

　　汽轮机调速系统总体上可划分为无差调节系统和有差调节系统。当汽轮发电机组单独向电力用户进行供电时，即孤立运行机组，汽轮机调速系统应采用无差调节系统，以保持频率的稳定。当用户负荷发生变化时，作用在转子上的力矩失去平衡，调速系统通过调整调节汽阀开度，改变进汽量，从而改变汽轮机的功率，建立起新的转矩平衡关系，使转速基本保持不变。并入大电网运行的机组，其调速系统一般为有差调节系统。有差调节通常是一种比例调节，汽轮发电机组通过感受转速或频率的变化来自动调节，改变蒸汽调节汽阀的开度，从而改变输出功率。需要指出的是，有差调节时，并入电网的汽轮发电机组根据自身的静态特性承担部分电网负荷变动，电网的频率并不依赖于某一台汽轮发电机组，有差调节不能让电网频率稳定在额定值。

第一节　汽轮机调速系统静态特性

　　汽轮机调速系统的静态特性也叫稳态特性，是指在稳定工况下汽轮机调速系统各项参数之间的关系，特别是功率和转速之间的关系。汽轮机静态特性的主要指标是转速不等率（Droop）。

一、调速系统的静态特性曲线

　　调速系统的静态特性曲线为连续倾斜曲线，其斜率为转速不等率，即

$$\delta = \frac{n_1 - n_2}{n_0} \qquad (1\text{-}1)$$

式中：n_1、n_2 为汽轮机空负荷和满负荷时的转速；n_0 为汽轮机额定转速。

转速不等率反映机组一次调频能力的强弱，又表明稳定性的好坏。如果特性曲线平坦，即不等率较小，表明当外界负荷变化后转速变化比较小，一次调频能力比较强，反之亦然。转速不等率过小的情况下，电网频率的小扰动会引起汽轮机功率的大幅度变化，易引起调节系统的不稳定，甚至导致系统强烈振荡。为了维持电网稳定运行，电力系统一般要求汽轮机的转速不等率在 3%～6%。

转速不等率对并网运行的老式液调机组的运行特性有很大影响，它影响机组间负荷的自动分配。通常一个区域电网中包含了数十甚至上百台发电机组并网运行，当外界负荷变化引起电网频率改变时，电网中各机组的调速系统响应频率的变化，输出功率自动增减，以适应外界负荷的需求，这种保证电网频率稳定的方式，称为一次调频。当两台机组并列运行，在相同的转速改变量下，每台机组负荷的改变量之间的关系式为

$$\frac{\Delta n}{n_0} = \delta_1 \frac{\Delta P_1}{P_1} = \delta_2 \frac{\Delta P_2}{P_2} \qquad (1\text{-}2)$$

式中：Δn 为转速改变量，n_0 为转速额定值，P_1 和 P_2 分别为两台机组的额定功率，δ_1、δ_2 分别为两台机组的转速不等率，ΔP_1 和 ΔP_2 分别为两台机组的负荷改变量。

很显然，并列运行的发电机组根据自身的转速不等率响应外界负荷的变化，额定容量大、转速不等率小的机组，在电网负荷频率变化时负荷变化大，或者说负荷变化百分数大。如果某台机组的静态特性曲线是水平线，则电网负荷的变动将由这台机组承担；若有多台机组的静态特性曲线是水平线，则机组的负荷分配将为静不定；一般地，承担尖峰及变动负荷的机组，其转速不等率较小，取 3%～4%；带基本负荷的机组转速不等率较大，取 4%～6%。

图 1-1 中的调速系统静态曲线为一根直线，即任意负荷下同一转速变

化 Δn 所引起的负荷变化 ΔP 相等。然而，因为各种各样的原因，汽轮机调节汽阀对蒸汽流量的控制总是很难做到完全线性，由多个这样的调节汽阀进行组合，形成配汽机构进行调节，共同控制汽轮机的进汽量，其控制特性更难做到是一条直线，因此，调速系统静态特性多以非线性呈现出来。在静态特性的局部点的转速不等率称为局部转速不等率，其为静态特性曲线在工作点的斜率。局部转速不等率过小，将会引起机组在此处发生负荷晃动。汽轮机组在运行期间一项非常重要的工作就是进行流量特性试验，对调速系统中的配汽函数进行重新标定，以使汽轮机的转速不等率趋向线性化。

二、调速系统四象限图

传统的汽轮机调速系统的静态特性通过四象限图来进行分析，它表示了调速系统各部件的主要关系，具体如图 1-1 所示。第 1 象限为调速系统静态特性，为转速与功率之间的关系；第 2 象限为转速感受机构的特性，为实际转速和通过测速装置所测信号之间的线性关系；第 3 象限为传动放大机构的特性，传动放大机构将转速信号的变化进行变换和放大，通过油

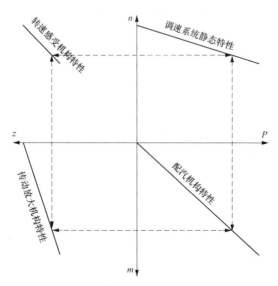

图 1-1　调速系统四象限图及静态特性曲线

动机驱动汽轮机蒸汽调节汽阀；第4象限为配汽机构特性，反映了在初、终参数等运行条件一定时，汽轮机蒸汽调节汽阀的阀位或油动机活塞位置与机组功率之间的关系，线性关系良好时，应近似为一条直线。

图1-1的四象限图中，n、P分别为转速和功率，而z、m对于老式液压和电液调节控制系统的机组来说，有不同的含义。对于老式液压机组来说，z通常表示液压或机械测速装置出口信号，机械测速装置一般为高速弹性调速器，液压测速装置有径向泵、旋转阻尼等利用离心力测量转速的装置。目前机械及液压测速装置应用较少，只有个别小型机组还在使用。现在大型汽轮机发电机组均采用适应于数字电液调节系统的测速齿轮盘、转速探头和二次仪表转速卡来测量汽轮机的实际转速，其误差小，精度高，测速误差通常小于0.1r/min，其线性关系反映在四象限图的第2象限，为一延长线通过原点的45°直线。第3象限为传动放大机构，对于老式液压机组来说，传动放大机构通过中间滑阀、油动机将旋转阻尼出口油压变换为调节汽阀的阀位，m代表油动机的活塞位置；对于数字电液调节系统来说，由于汽轮机均由多个调节汽阀组合控制，控制系统需要将转速变化所产生的指令变化分配到不同的调节汽阀上，该任务通过预先设置在控制系统中的配汽函数来实现，此时m代表的是在额定参数下的流量指令。

汽轮机均并网运行，通常转速由电网频率决定，所以调速系统的特性曲线无法直接得出，只能通过专门试验或计算的方法，分别求得转速感受机构、传动放大机构及配汽机构的特性线以及在额定初终条件下汽轮机功率与流量指令或高压油动机活塞位置的关系线，将上述关系线分别绘制在四象限图的第2、3、4象限中，然后再通过按图1-1插值获得第1象限中的调速系统的静态特性曲线。

通过前述分析可见，就使用数字电液调节（digital electrc-hydraulic control system，DEH）系统的大型汽轮发电机组来说，四象限图的确定工作得到简化。对前所述，对于转速感受机构而言，由于高精度测速机构的采用，其特性线趋向于一根延长线通过原点的45°直线，一般无需进行特别的测量；对于传动放大机构，目前均通过控制逻辑中的转速不等率曲线进行设置，也无需进行测量；真正需要通过试验进行测量的为第 4 象限的配汽机构特性线，它与汽轮机流量特性密切相关，这也是本书所讲述的主要内容之一。

第二节 汽轮机调速系统动态特性

汽轮机运行稳定性不仅与汽轮机的静态特性相关，还与其动态特性有关。动态特性指的是汽轮机在外界扰动下从一个稳定工况到另一个稳定工况的过渡过程。汽轮机并网运行过程，时时刻刻都在经受着电网的扰动，此时汽轮机调节状态的稳定与否，取决于汽轮机调节系统各环节的动态特性和控制系统的参数设置。研究汽轮机动态特性，主要出于两个方面的考虑：①传统上主要考虑大扰动情况下如甩负荷时的汽轮机的动态响应，随着汽轮机组参数的提高，只依靠调速系统的调速能力来抑制转速的飞升越来越困难，现代的数字电液调节系统主要依靠汽轮机转速飞升抑制功能来控制甩负荷初期的转速飞升；②主要考虑并网运行汽轮机组与电网的相互作用，即机网协调。随着电力系统结构的不断演化，机组与电网之间的相互作用关系越来越复杂，汽轮机调速系统在电网小扰动情况下的稳定性以及它对电网的反作用问题需要从工程应用角度深入研究。

一、汽轮机动态特性

汽轮机的动态特性可分环节用：汽轮发电机组的转子运动模型、蒸汽容积模型和功率模型三个模型进行描述。

1. 汽轮发电机转子运动模型

作用在汽轮机转子上的力矩一般有三个，即蒸汽力矩 T_m，发电机的电磁反力矩 T_e 和作用在汽轮机转子上的阻力矩 T_f，转子运动方程为

$$J\frac{d\omega}{dt} = T_m - T_e - T_f \tag{1-3}$$

其中

$$\omega = \frac{2\pi n}{60}$$

式中：ω 为转子角速度；n 为转子转速；J 为转子的转动惯量；T_{m} 为蒸汽力矩，其大小决定于汽轮机的机械功率和角速度；T_{e} 为发电机的电磁反力矩，主要与电网负荷的性质有关；T_{f} 为阻力矩，如轴承的摩擦耗功等，与转速相关。

如果将式（1-3）用标幺值表示，则有

$$T_{\mathrm{a}}\frac{\mathrm{d}\overline{\omega}}{\mathrm{d}t}=\frac{T_{\mathrm{m}}-T_{\mathrm{e}}-T_{\mathrm{f}}}{T_0} \tag{1-4}$$

其中

$$T_{\mathrm{a}}=\frac{J\omega_0}{T_0}=\frac{J\omega_0^2}{P_0}$$

$$T_0=\frac{P_0}{\omega_0}$$

$$\overline{\omega}=\frac{\omega}{\omega_0}$$

式中：T_0 为额定机械力矩，P_0 为额定功率，ω_0 为额定角速度，$\omega_0=100\pi$；$\overline{\omega}$ 为标幺化的角速度；T_{a} 为时间常数，也称为转子飞升时间，其物理含义为在额定蒸汽力矩 T_0 作用下，转子由零升至额定转速的时间。汽轮机转子飞升时间常数随着汽轮机容量增加和进汽参数的提高而减小，容量大、参数高的汽轮机在突然甩去全负荷时超速危险更大，为此大机组对调速系统动态特性提出了更高的要求。

2. 蒸汽容积模型

蒸汽流经汽轮机要通过进汽导管、蒸汽室、汽缸的内部空间、抽汽管道、中间再热器及其管道等设备，它们均有较大容积，调节汽阀动作后容积中参数并不会立即变化，其变化过程即为容积的动态特性。根据流体连续方程有

$$V\frac{\mathrm{d}\rho}{\mathrm{d}t}=G_1-G_2 \tag{1-5}$$

式中：V 为蒸汽容积；ρ 为蒸汽密度；G_1 为进入蒸汽容积的蒸汽流量；G_2 为流出蒸汽容积的蒸汽流量。对于中间容积过程，通常为绝热多变过程，因此有 $p\rho^{-n}=p_0\rho_0^{-n}$，通常为等温过程，有 $n=1$，则有

$$T_v\frac{\mathrm{d}p}{\mathrm{d}t}=G_1-G_2 \tag{1-6}$$

其中，$T_v = \dfrac{\rho_0 V}{p}$ 为容积的时间常数，其物理含义为以通过该中间容积的额定蒸汽流量填充该中间容积、达到压力为 p_0、密度为 ρ_0 的状态所需的时间。

3. 汽轮机功率模型

汽轮机功率模型描述了不同流量和配汽方式下高、中、低三个汽缸的功率比例，以额定参数下高、中、低压缸占整机功率的百分比 F_h、F_i、F_l 表示，在变负荷稳态过程中，除了首级和末级的焓降有较大变化外，其余中间级的焓降基本不变，因此可以近似认为高、中、低压缸的功率比例基本不变。

汽轮机高压缸和中、低压缸的功率比例对机组的调节动态特性产生显著影响。受再热器容积环节的影响，中、低压缸在外界负荷扰动后功率输出响应较慢；而高压缸在汽轮机调节系统响应扰动时通过快速改变高压调节汽阀开度后功率输出能快速变化，同时由于受再热器容积较大的影响，再热器压力无法快速变化，因此在瞬态过程中，高压缸的压比偏离设计值，造成高压缸所占功率比例比设计值偏高，这被称为"高压缸过调现象"，此时高压缸功率比例应采用高压缸功率过调系数进行修正。

二、汽轮机调节系统稳定性分析

通常，基于状态空间方法进行小扰动分析均采用李雅普诺夫第一法，系统稳定性判别准则为：①系统的特征根都具有负实部，则系统的平衡状态是渐近稳定的；②系统的特征根至少有一个根具有正实部，系统的平衡状态是不稳定的；③系统的特征根有实部为零的情况（称为临界情况），则系统的稳定性不能直接从方程中判断，而必须考虑原方程展开式中二次和更高次项的影响。

系统的第 i 个模式对应着特征值 λ_i，其时间特性由 $e^{\lambda_i t}$ 给出。因此，系统的稳定性由如下的特征值所决定：①一个实数特征值对应于一个非振荡模式。负的实数特征值表示衰减模式，其绝对值越大，则衰减越快；正的实数特征值表示非周期性不稳定。与实数特征值相关的特征向量的值也是实数。②复数特征值总是以共轭对的形式出现，每一对对应一个振荡模式。相应的特征向量也为复数，使得 $x(t)$ 的值在每一时刻为实数。

特征值的实部 σ 刻画了系统对振荡的阻尼，而虚部 ω 给出了振荡的频率。负实部表示正阻尼（衰减振荡），零实部表示无阻尼（等幅振荡），而正实部表示负阻尼（增幅振荡）。因此，对于一对复数特征值：$\lambda = \sigma \pm j\omega$，有振荡频率 $f = \dfrac{\omega}{2\pi}$，阻尼比 $\xi = \dfrac{-\sigma}{\sqrt{\sigma^2 + \omega^2}}$，当 $\xi < 0$，该模式是不稳定的；当 $\xi = 0$，该模式处于稳定边界；当 $\xi > 0$，该模式是稳定的，ξ 越大，该模式稳定阻尼越强。阻尼比的大小，反映到时域响应曲线就是振荡衰减的快慢即振荡次数的多少，阻尼比 ξ 越大，振荡衰减就越快，振荡次数就越少。

目前，汽轮机控制系统均采用功频电液调节，在实际系统设计上采用 DEH+CCS 联合调频方式（CCS 是协调控制系统 coordination control system 的简称），DEH 侧一次调频作为 CCS 侧调频的前馈，在频率发生变动时，按照预设的曲线开启汽轮机的高压调节汽阀。CCS 侧调节回路则设计有功率闭环调节和一次调频回路以实现机组的一次调频。典型的功频电液调频原理图如图 1-2 所示。

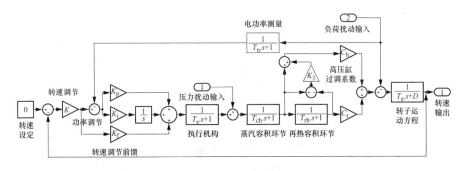

图 1-2　典型的功频电液调频原理图

K—转速放大系数；K_p—比例系数；K_i—积分系数；K_f—转速前馈系数；T_s—执行机构时间常数；

T_{ch}—高压缸时间常数；T_{rh}—再热时间常数；K_3—高压缸过调系数；C_h—高压缸做功比例；

C_r—中低压缸做功比例；T_a—转子时间常数；D—阻尼系数；T_n—电功率测量时间常数

为了分析典型的一次再热汽轮机功频电液调速系统的稳定性，对系统的各环节分别建立动态方程。对于小扰动分析，一般采用增量法，即各符号的含义为与初始状态的差值，变量符号头顶加点表示变量的微分。为简便起见，省略各符号前的增量符号 Δ。根据图 1-2 建立各环节动态方程如下。

（1）电功率测量：

$$\dot{P}_{\mathrm{el}} = \frac{1}{T_{\mathrm{n}}}(P_{\mathrm{e}} - P_{\mathrm{el}}) \tag{1-7}$$

（2）执行机构方程：

$$\dot{\mu} = \frac{1}{T_{\mathrm{s}}}(\varphi - \mu) \tag{1-8}$$

（3）高压缸容积方程：

$$\dot{h} = \frac{1}{T_{\mathrm{ch}}}(\mu + p - h) \tag{1-9}$$

（4）再热环节及机械功率输出方程：

$$\dot{P}_{\mathrm{m}} = C_{\mathrm{h}}(1+\lambda)\dot{h} + \frac{h - P_{\mathrm{m}}}{T_{\mathrm{rh}}} = \frac{C_{\mathrm{h}}}{T_{\mathrm{ch}}}(1+\lambda)(\mu + p - h) + \frac{h - P_{\mathrm{m}}}{T_{\mathrm{rh}}}$$

$$\tag{1-10}$$

（5）转子运动方程：

$$\dot{\omega} = \frac{1}{T_{\mathrm{a}}}(P_{\mathrm{m}} - P_{\mathrm{e}} - D\omega) \tag{1-11}$$

（6）调速方程：

$$\dot{\varphi} = K(K_{\mathrm{f}} + K_{\mathrm{p}})(\dot{\omega}^* - \dot{\omega}) + K_{\mathrm{p}}(\dot{P}_{\mathrm{e}}^* - \dot{P}_{\mathrm{el}}) + KK_{\mathrm{i}}(\omega^* - \omega) + K_{\mathrm{i}}(P_{\mathrm{e}}^* - P_{\mathrm{el}})$$

$$\tag{1-12}$$

令功率设定值 P_{e}^*、转速设定值 ω^* 为零，则有

$$\dot{\varphi} = -K(K_{\mathrm{f}} + K_{\mathrm{p}})\dot{\omega} - K_{\mathrm{P}}\dot{P}_{\mathrm{el}} - KK_{\mathrm{i}}\omega - K_{\mathrm{i}}P_{\mathrm{el}} \tag{1-13}$$

将方程带入式（1-12），整理可得

$$\dot{\varphi} = \left(\frac{DK(K_{\mathrm{f}} + K_{\mathrm{p}})}{T_{\mathrm{a}}} - KK_{\mathrm{i}}\right)\omega - \frac{K(K_{\mathrm{f}} + K_{\mathrm{p}})}{T_{\mathrm{a}}}P_{\mathrm{m}} + \left(\frac{K_{\mathrm{p}}}{T_{\mathrm{n}}} - K_{\mathrm{i}}\right)P_{\mathrm{el}} +$$

$$\left(\frac{K(K_{\mathrm{f}}+K_{\mathrm{p}})}{T_{\mathrm{a}}}-\frac{K_{\mathrm{p}}}{T_{\mathrm{n}}}\right)P_{\mathrm{e}}$$

上述各式中：ω 为转速；P_{e} 为电功率；P_{el} 为电功率测量值；P_{m} 为机械功率；p 为主汽压力；h 为调节级压力；μ 为高压调阀开度；φ 为调节器输出；T_{n} 为电功率测量时间常数；T_{s} 为伺服机构时间常数；T_{ch} 为高压容积时间常数；T_{rh} 为再热容积时间常数；T_{a} 为转子时间常数；C_{l} 为高压缸做功比例；C_{r} 为中低压缸做功比例；λ 为高压缸功率过调系数；D 为转子自平衡系数；K_{p} 为调节器比例系数；K_{i} 为调节器积分系数；K 为转速放大系数，即 $K=\dfrac{1}{\delta}$；K_{f} 为转速调节前馈，在实际系统中为 DEH 系统中的开环调频环节。

以上各环节方程以状态空间表示为

$$\begin{aligned}\dot{x}&=\boldsymbol{A}x+\boldsymbol{B}u\\ y&=\boldsymbol{C}x+\boldsymbol{D}u\end{aligned}\tag{1-14}$$

取转速、电功率量测、机械功率、主汽压力量测、调节级压力、调节汽阀开度、调节器输出作为系统变量，取负荷扰动、主汽压力扰动作为系统输入变量，令 $x=\begin{bmatrix}\omega&P_{\mathrm{el}}&P_{\mathrm{m}}&h&\mu&\varphi\end{bmatrix}^{\mathrm{T}}$，$u=\begin{bmatrix}P_{\mathrm{e}}&p\end{bmatrix}^{\mathrm{T}}$，则有

$$\boldsymbol{A}=\begin{bmatrix}-\dfrac{D}{T_{\mathrm{a}}}&0&\dfrac{1}{T_{\mathrm{a}}}&0&0&0\\0&-\dfrac{1}{T_{\mathrm{n}}}&0&0&0&0\\0&0&-\dfrac{1}{T_{\mathrm{rh}}}&\dfrac{1}{T_{\mathrm{rh}}}-\dfrac{C_{\mathrm{h}}(1+\lambda)}{T_{\mathrm{ch}}}&\dfrac{C_{\mathrm{h}}(1+\lambda)}{T_{\mathrm{ch}}}&0\\0&0&0&-\dfrac{1}{T_{\mathrm{ch}}}&\dfrac{1}{T_{\mathrm{ch}}}&0\\0&0&0&0&-\dfrac{1}{T_{\mathrm{s}}}&\dfrac{1}{T_{\mathrm{s}}}\\\dfrac{DK(K_{\mathrm{f}}+K_{\mathrm{p}})}{T_{\mathrm{a}}}-KK_{\mathrm{i}}&\dfrac{K_{\mathrm{p}}}{T_{\mathrm{n}}}-K_{\mathrm{i}}&-\dfrac{K(K_{\mathrm{f}}+K_{\mathrm{p}})}{T_{\mathrm{a}}}&0&0&0\end{bmatrix}$$

$$
B=\begin{bmatrix}
\dfrac{K(K_f+K_p)}{T_a}-\dfrac{K_p}{T_n} & 0 \\
\dfrac{1}{T_n} & 0 \\
0 & \dfrac{C_h(1+\lambda)}{T_{ch}} \\
0 & \dfrac{1}{T_{ch}} \\
0 & 0 \\
\dfrac{K(K_f+K_p)}{T_a}-\dfrac{K_p}{T_n} & 0
\end{bmatrix}
$$

$$C=\begin{bmatrix} 1 & 0 & 0 & 0 & 0 & 0 \end{bmatrix}$$

$$D=\begin{bmatrix} 0 & 0 \end{bmatrix}$$

以典型参数为例对上述系统进行稳定性分析，取：$T_n=0.12s$；$T_p=0.12s$；$T_s=0.1s$；$T_{ch}=0.3s$；$T_{rh}=10s$；$T_a=8s$；$C_h=0.3$；$C_r=0.7$；$\lambda=0.7$；$D=10$；$K_p=0.1$；$K_i=0.1$；$K=20$；$K_f=0.9$，通过计算矩阵 A 的特征值，可以获得系统稳定性的相关信息，见表1-1。

表 1-1 　　　　　　　　　调速系统特征值、阻尼比、自然频率表

序号	特征值	阻尼比	自然频率（Hz）
1	-10.6	1	1.68
2	$-1.96\pm1.8i$	0.74	0.42
3	$-0.103\pm0.024i$	1	0.017
4	-5.0	1	0.796

由表1-1可见，该调速系统有两个特征值虚部为零，阻尼为临界阻尼，为非振荡模式，且特征值实部为负，绝对值较大，衰减较快。另外两个共轭特征值的虚部不为零，实部小于零，为衰减振荡模式，其中：序号为3的振荡模式反映了中间再热容积所引起的振荡；序号为2的振荡模式是系统的主要模式，其阻尼比在0.74，振荡频率为0.42Hz。

下面分析各参数对系统稳定性的影响。

（1）转速放大系数 K 对系统稳定的影响见表1-2。由表可见，增加

转速放大系数 K，系统的阻尼比降低，振荡频率增加，系统的稳定性下降。

表 1-2　　　　　　　　转速放大系数 K 对系统稳定影响

转速放大系数 K	特征值	阻尼比	自然频率（Hz）
10	$-2.11\pm1.06i$	0.89	0.38
20	$-1.96\pm1.8i$	0.74	0.43
40	$-1.72\pm2.68i$	0.54	0.51
50	$-1.62\pm3.0i$	0.47	0.54
100	$-1.20\pm4.15i$	0.28	0.69

（2）比例系数 K_p 对系统稳定的影响见表 1-3。由表可见，增加比例系数 K_p 与增加转速放大系数 K 有相同的效果，系统稳定性下降；当比例系数增加至 10 时，系统阻尼由正变负，系统不再稳定。

表 1-3　　　　　　　　比例系数 K_p 对系统稳定影响

比例系数 K_p	特征值	阻尼比	自然频率（Hz）
0	$-1.99\pm1.66i$	0.77	0.41
0.2	$-1.93\pm1.93i$	0.71	0.43
0.4	$-1.88\pm2.15i$	0.66	0.46
0.6	$-1.82\pm2.35i$	0.61	0.47
0.8	$-1.78\pm2.53i$	0.58	0.49
10	$0.09\pm5.28i$	-0.016	0.84

（3）积分系数 K_i 对系统稳定的影响见表 1-4。由表可见，在通常所设置范围内，积分系数 K_i 对系统稳定性影响较小，阻尼比和自然频率基本保持不变；当积分系数增加至 4.5 时，系统阻尼由正转负，系统不再稳定。

表 1-4　　　　　　　　积分系数 K_i 对系统稳定影响

积分系数 K_i	特征值	阻尼比	自然频率（Hz）
0	$-1.98\pm1.84i$	0.733	0.43
0.1	$-1.96\pm1.8i$	0.736	0.42
0.2	$-1.93\pm1.76i$	0.740	0.416

续表

积分系数 K_i	特征值	阻尼比	自然频率（Hz）
0.3	$-1.90\pm1.71i$	0.744	0.408
0.4	$-1.87\pm1.66i$	0.748	0.398
4.5	$0.04\pm2.03i$	-0.021	0.323

（4）阀门时间常数 T_s 对系统稳定的影响见表 1-5。由表可见，阀门时间常数 T_s 增加时，阻尼比先降低后升高，而自然频率持续降低，过渡时间增加；特征值实部呈下降趋势，衰减变慢；因此，阀门动作时间增加时，系统稳定性下降。

表 1-5 　　　　　　　　**阀门时间常数 T_s 对系统稳定影响**

阀门时间常数 T_s	特征值	阻尼比	自然频率（Hz）
0.1	$-1.96\pm1.80i$	0.736	0.423
0.3	$-1.35\pm1.73i$	0.64	0.350
0.6	$-0.99\pm1.39i$	0.58	0.271
0.9	$-0.85\pm1.15i$	0.595	0.228
1.2	$-0.78\pm0.97i$	0.624	0.199

（5）高压缸功率过调系数 λ 对系统稳定的影响见表 1-6。由表可见，高压缸过调现象的存在降低了系统的阻尼；采用不带高压缸功率过调系数的汽轮机模型，其稳定性分析结果偏保守。实际应用也表明，带高压缸功率过调系数的汽轮机模型更符合实际情况。

表 1-6 　　　　　　　　**高压缸功率过调系数 λ 对系统稳定影响**

高压缸功率过调系数 λ	特征值	阻尼比	自然频率（Hz）
0.0	$-2.05\pm1.17i$	0.869	0.376
0.7	$-1.96\pm1.80i$	0.736	0.423

通过上述过程，可对汽轮机组甩负荷过程进行仿真。将电功率设为 -1，同时切除功率设定值为 -1，甩负荷后，转速恢复到额定值。图 1-3 是典型汽轮机甩负荷仿真曲线，显示了依靠调速系统来控制甩负荷时的飞

升转速。由图 1-3 可见，最大飞升转速约为 8%（3240r/min），飞升转速较高。

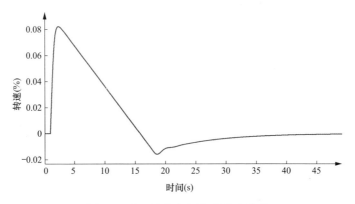

图 1-3　典型汽轮机甩负荷仿真曲线

很显然，由于投运机组的容量越来越大，转子时间常数相对较小，仅仅依靠调速系统的调节难以将转速控制在规定范围内。为此，在主流的电液调节系统中，对于甩负荷的控制目前普遍采用开关量控制，即在甩负荷瞬间，采用转速飞升抑制功能来直接控制汽轮机调节汽阀的动作，而非单纯依靠调速系统的作用来控制汽轮机的转速飞升。采用这种控制方式，可有效抑制甩负荷后汽轮机的转速飞升。图 1-4 为某 630MW 机组采用开关量控制的甩负荷录波图，汽轮机飞升转速仅为 5%（3150r/min）左右，飞升幅值明显降低。

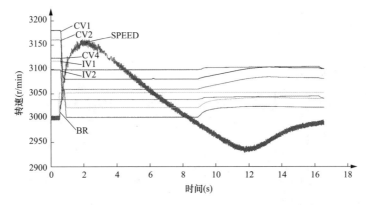

图 1-4　某 630MW 机组甩 100% 负荷录波图

第三节　基于单机无穷大电网的汽轮机动态特性

一、单机无穷大电网模型的建立

汽轮机发电机组并网运行时，其动态特性会受到电网的影响，可采用三阶模型（Phillips-Hefron）建立单机对无穷大电网模型，以分析汽轮机组在并网状态下的动态特性，具体模型如图 1-5 所示。

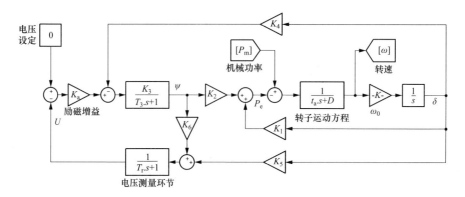

图 1-5　Phillips-Hefron 模型框架图

K_a—励磁增益系数；t_a—转子时间常数；D—阻尼系数；T_r—电压测量时间常数；

$K_1 \sim K_6$—模型系数；T_3—励磁时间常数；U—电压；P_m—机械功率；

ω—转速；P_e—电功率；K—转换系数；ω_0—额定角频率；δ—功角

对各环节建立方程如下。

电功率测量

$$\dot{P}_{el} = \frac{1}{T_n}(P_e - P_{el}) = \frac{1}{T_n}(K_1\delta + K_2\psi - P_{el}) \tag{1-15}$$

执行机构方程

$$\dot{\mu} = \frac{1}{T_s}(\varphi - \mu) \tag{1-16}$$

高压缸容积方程

$$\dot{h} = \frac{1}{T_{\mathrm{ch}}}(\mu + p - h) \tag{1-17}$$

再热环节及机械功率输出方程

$$\dot{P}_{\mathrm{m}} = C_{\mathrm{h}}(1+\lambda)\dot{h} + \frac{h - P_{\mathrm{m}}}{T_{\mathrm{r}}} = \frac{C_{\mathrm{h}}}{T_{\mathrm{ch}}}(1+\lambda)(\mu + p - h) + \frac{h - P_{\mathrm{m}}}{T_{\mathrm{r}}}$$

$$\tag{1-18}$$

转子运动方程

$$\dot{\omega} = \frac{1}{T_{\mathrm{a}}}(P_{\mathrm{m}} - P_{\mathrm{e}} - D\omega) = \frac{1}{T_{\mathrm{a}}}(P_{\mathrm{m}} - K_1\delta - K_2\psi - D\omega) \tag{1-19}$$

调速方程

$$\dot{\varphi} = K(K_1 + K_{\mathrm{p}})(\omega^* - \dot{\omega}) + K_{\mathrm{p}}(\dot{P}_{\mathrm{e}}^* - \dot{P}_{\mathrm{el}}) + KK_{\mathrm{i}}(\omega^* - \omega) + K_{\mathrm{i}}(P_{\mathrm{e}}^* - P_{\mathrm{el}})$$

$$\tag{1-20}$$

令功率设定值 P_{e}^*、转速设定值 ω^* 为零，则有

$$\dot{\varphi} = -K(K_1 + K_{\mathrm{p}})\dot{\omega} - K_{\mathrm{p}}\dot{P}_{\mathrm{el}} - KK_{\mathrm{i}}\omega - K_{\mathrm{i}}P_{\mathrm{el}} \tag{1-21}$$

将方程带入式（1-20），整理可得

$$\dot{\varphi} = \left[\frac{DK(K_{\mathrm{f}} + K_{\mathrm{p}})}{T_{\mathrm{a}}} - KK_{\mathrm{i}}\right]\omega - \frac{K(K_{\mathrm{f}} + K_{\mathrm{p}})}{T_{\mathrm{a}}}P_{\mathrm{m}} + \left(\frac{K_{\mathrm{p}}}{T_{\mathrm{n}}} - K_{\mathrm{i}}\right)P_{\mathrm{el}} +$$

$$\left[\frac{K(K_{\mathrm{f}} + K_{\mathrm{p}})}{T_{\mathrm{a}}} - \frac{K_{\mathrm{p}}}{T_{\mathrm{n}}}\right]P_{\mathrm{e}} \tag{1-22}$$

功角方程

$$\dot{\delta} = \omega_0\omega \tag{1-23}$$

发电动机电动势方程

$$\dot{\psi} = -\frac{K_3K_4\delta + K_{\mathrm{A}}K_3(V^* - V) + \psi}{T_3} \tag{1-24}$$

发电机电压方程

$$\dot{V} = \frac{K_5\delta + K_6\psi - V}{T_{\mathrm{r}}} \tag{1-25}$$

令 $x = \begin{bmatrix} \omega & P_{\mathrm{el}} & P_{\mathrm{m}} & h & \mu & \varphi & \delta & \psi & V \end{bmatrix}^{\mathrm{T}}$、$u = p$，$C_1 = \frac{K(K_{\mathrm{f}} + K_{\mathrm{p}})}{T_{\mathrm{a}}}$、

$C_2 = \frac{C_{\mathrm{h}}(1+\lambda)}{T_{\mathrm{ch}}}$，以上各环节方程以状态空间表示为

$$\dot{x} = Ax + Bu$$
$$y = Cx + Du$$

则有

$$
A = \begin{bmatrix}
-\dfrac{D}{T_a} & 0 & \dfrac{1}{T_a} & 0 & 0 & 0 & -\dfrac{K_1}{T_a} & -\dfrac{K_2}{T_a} & 0 \\[2mm]
0 & -\dfrac{1}{T_n} & 0 & 0 & 0 & 0 & \dfrac{K_1}{T_n} & \dfrac{K_2}{T_n} & 0 \\[2mm]
0 & 0 & 0 & -\dfrac{1}{T_{rh}} & \dfrac{1}{T_{rh}}-C_2 & C_2 & 0 & 0 & 0 \\[2mm]
0 & 0 & 0 & 0 & -\dfrac{1}{T_{ch}} & \dfrac{1}{T_{ch}} & 0 & 0 & 0 \\[2mm]
0 & 0 & 0 & 0 & 0 & -\dfrac{1}{T_s} & \dfrac{1}{T_s} & 0 & 0 \\[2mm]
DC_1-KK_i & \dfrac{K_p}{T_n}-K_i-C_1 & 0 & 0 & 0 & 0 & K_1\left(C_1-\dfrac{K_p}{T_n}\right) & K_2\left(C_1-\dfrac{K_p}{T_n}\right) & 0 \\[2mm]
\omega_0 & 0 & 0 & 0 & 0 & 0 & 0 & 0 & 0 \\[2mm]
0 & 0 & 0 & 0 & 0 & 0 & -\dfrac{K_3K_4}{T_3} & -\dfrac{1}{T_3} & -\dfrac{K_3K_A}{T_3} \\[2mm]
0 & 0 & 0 & 0 & 0 & 0 & \dfrac{K_5}{T_r} & \dfrac{K_6}{T_r} & -\dfrac{1}{T_r}
\end{bmatrix}
$$

$$B = \begin{bmatrix} 0 & 0 & \dfrac{C_h(1+\lambda)}{T_{ch}} & \dfrac{1}{T_{ch}} & 0 & 0 & 0 & 0 & 0 \end{bmatrix}^T$$

$$C = \begin{bmatrix} 1 & 0 & 0 & 0 & 0 & 0 & 0 & 0 & 0 \end{bmatrix}$$

$$D = 0$$

上述各式中：δ 为发电机功角；ψ 为发电机电动势；V^* 为发电机电压设定值；V 为发电机电压；ω_0 为额定角速度；$K_1 \sim K_6$ 为比例系数；T_r 为电压测量时间常数；K_A 为励磁机调节比例系数；T_3 为励磁回路时间常数；其他符号意义参见式（1-12）。

二、单机无穷大电网下动态特性分析

与上节同样，取典型参数，$K_1 = 1.591$；$K_2 = 1.5$；$K_3 = 0.333$；$K_4 =$

1.9；$K_5 = 0.12$；$K_6 = 0.3$；$K_A = 200$；$T_r = 0.02$，计算系统的特征值、阻尼比、自然频率等参数，结果如表 1-7 所示。

表 1-7　　　　　　　　　　单机无穷大电网模型特征值列表

模式	特征值	阻尼比	自然频率（Hz）
1	-35.2	1	5.61
2	$-1.62 \pm 6.52i$	0.233	1.11
3	-13.2	1	2.10
4	$-10.2 \pm 0.964i$	0.996	1.62
5	$-0.076 \pm 0.063i$	0.770	0.016
6	-3.08	1	0.490

由表 1-7 可见，系统有三个振荡衰减模式，其中对系统动态性能起主导作用的是第二模式。对比表 1-1 可见，从阻尼比和自然频率来看，汽轮发电机并网运行后，稳定性有较大程度的下降，且振荡频率由 0.42Hz 增加到 1.11Hz 左右；从阻尼比的数值上来看，在典型参数下单机对无穷大电网系统具有足够的稳定性。通常，认为阻尼比小于 0.03 为弱阻尼振荡模式，大电网、多机系统更容易产生稳定性问题。

针对以上所建立的单机无穷大电网模型与典型参数，仿真机组在频率扰动下的主要过渡过程，改变频率设定值 ω^* 至 -0.01，可得频率阶跃特性图，如图 1-6 所示。

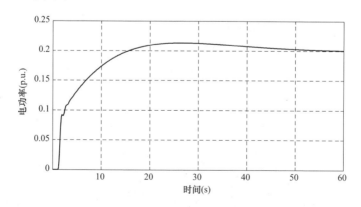

图 1-6　频率阶跃特性图

再将频率设定值 ω^* 输入为频率 1Hz、幅值 0.01，10s 后消失的正弦信号扰动，结果如图 1-7 所示。

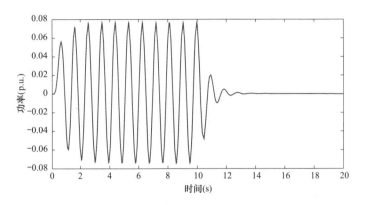

图 1-7 扰动为正弦信号时的系统响应

从图 1-7 可见，当输入为有界输入时，系统的输出不会发散，并且在扰动消失后系统能迅速稳定到初始值。

第二章

汽轮机配汽

第一节 典型汽轮机的基本情况

目前，国内大型汽轮机的主流配置从容量上可分为 300、600、1000MW 等级，从设计参数上可分为亚临界、超临界与超超临界等级，从生产厂家上可分为上海汽轮机厂、东方汽轮机厂与哈尔滨汽轮机厂。当然，也有一些其他容量、其他生产厂家生产的机组，但就本书所讨论的问题而言，上述三大汽轮机厂的设备已有足够的代表性。同一厂家生产的 600MW 亚临界与超临界机型主体结构上基本相同；从汽轮机进汽方式上看，有喷嘴配汽和节流配汽两种方式。在超临界和亚临界机组上主要采用喷嘴配汽方式，在超超临界机组上主要采用节流配汽方式，不同厂家生产的 1000MW 超超临界汽轮机进汽方式也有所差别。这些汽轮机均采用 DEH 系统进行控制，以数字计算机作为控制器，以电液转换机构、高压抗燃油供油系统（EH）和油动机作为执行器，实现对汽轮机的控制。同一型式的汽轮机可能会配置不同的 DEH 厂商的控制系统，但控制结果是一致的。下面简单介绍一下国内典型汽轮机的进汽部分结构。

一、上海汽轮机厂 300MW 亚临界汽轮机

上海汽轮机厂生产的 300MW 汽轮机为反动式、亚临界、中间再热式、高中压合缸、双缸双排汽、单轴、凝汽式汽轮机，机组型号为 N300-16.7/538/538。

汽轮机本体通流部分由一个高中压缸和一个双流低压缸组成。汽轮机主轴分为两段，以刚性联轴节相连，形成整体的通流转子，低压转子同样通过刚性联轴节与发电机相联。汽轮机进汽采用喷嘴调节，共有六组高压缸进汽喷嘴，分归六个调节汽阀（GV）控制，调节汽阀相对应的喷嘴组布置方式如图 2-1 所示。来自锅炉的新蒸汽首先通过两个高压主汽阀（TV），然后流入高压调节汽阀。这些蒸汽分别通过六根导管连接汽缸上半部和下半部的进汽套管，每根套管通过滑动接头与一喷嘴室连接。蒸汽通过高压

缸膨胀做功后，从外缸下部的一个排汽口流到锅炉再热器，再热后的蒸汽通过两只中压主汽阀（RSV）至中压调节汽阀（IV）回到中压缸。中压调节汽阀出口通过进汽插管与中压下缸的进汽室相连，蒸汽流经中压通流部分膨胀做功，再经联通管进入低压缸，低压缸为双流、反动式，蒸汽在通流部分的中央进入，并流向两端的排汽口，进入凝汽器。

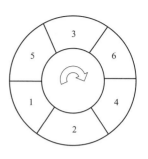

图 2-1　上海汽轮机厂 300MW 亚临界汽轮机喷嘴组布置方式示意图

二、上海汽轮机厂 600MW 亚临界汽轮机

上海汽轮机厂生产的 600MW 亚临界汽轮机为一次中间再热、单轴、四缸四排汽、凝汽式汽轮机，具体型号为 N600-16.7/538/538。汽轮机本体通流部分由高、中、低压三部分组成，高压缸由调节级和 11 级压力级组成，中压缸为 2×9 级，低压缸为双流 4×7 级，共计 58 级。

汽轮机进汽采用喷嘴调节，共有四组高压缸进汽喷嘴，分归四个高压调节汽阀（GV）控制。这四个高压调节汽阀分成两组，每组由一个高压主汽阀（TV）控制。如图 2-2 所示。来自锅炉的新蒸汽首先通过两个高压主汽阀，然后流入高压调节汽阀。这些蒸汽分别通过四根导管连接汽缸上半部和下半部的进汽套管，每根套管通过滑动接头与一喷嘴室连接。蒸汽通过高压缸膨胀做功后，从外缸下部的两个排汽口排出，汇成一路后流到锅炉再热器，再热后的蒸汽分别通过两只中压主汽阀（RSV）和四只中压调节汽阀（IV）回到中压缸。中压调节汽阀出口通过进汽插管与中压的进汽室相连，蒸汽流经中压通流部分膨胀做功后，从两端向上的排汽口排出，再经两根中、低压联通管进入低压缸。两个低压缸都为反动式双流结构，蒸汽在通流部分的中部进入，并流向两端的排汽口，最后进入凝汽器。该厂生产的 600MW 超临界汽轮机进汽结构与此类似。

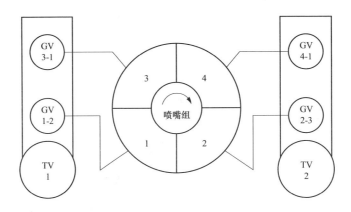

图 2-2　上海汽轮机厂 600MW 亚临界汽轮机高压调节汽阀布置示意

三、东方汽轮机厂 600MW 亚临界汽轮机

东方汽轮机厂生产的 600MW 亚临界汽轮机为冲动式、中间再热式、高中压合缸、三缸四排汽、单轴、凝汽式汽轮机，型号为 N600-16.7/538/539-1。该机组由东方汽轮机厂按日本日立公司提供的技术制造。

汽轮机本体通流部分由一个高中压缸和两个双流低压缸组成。汽轮机主轴分为三段，以刚性联轴节相连，形成整体的通流转子，低压转子同样通过刚性联轴节与发电机相联。汽轮机进汽采用喷嘴调节，共有四组高压缸进汽喷嘴，分归四个高压调节汽阀控制。汽轮机共有热力级 21 级。高压缸调节级叶片采用单列冲动式，高、中、低压缸叶片全部采用冲动式，其中高压缸为 9 级（包括调节级）、中压缸为 5 级、低压缸为 4×7 级。来自锅炉的新蒸汽首先通过两个高压主汽阀，然后流入调节汽阀。这些蒸汽分别通过四根导管将汽缸上半部和下半部的进汽套管与喷嘴室连接。蒸汽通过高压缸膨胀做功后，从外缸的排汽口流到锅炉再热器，再热后的蒸汽通过两只中压调节汽阀至中压主汽阀回到中压缸。中压调节汽阀出口与中压缸的进汽室相连，蒸汽流经中压通流部分膨胀做功，再经联通管进入低压缸，蒸汽在通流部分的中央进入，并流向两端的排汽口，进入凝汽器。

该汽轮机共有十只汽阀：左右两只高压主汽阀（TV），四只高压调节汽阀（GV），左右两只中压主汽阀（RSV），及中压调节汽阀（IV）。四只高压调节汽阀共用一个调节汽阀室，中间互联互通。从机头向发电机侧看，每个调节汽阀相对应的喷嘴组布置方式如图 2-3 所示。中压主汽阀和中压调节汽阀设置在同一阀休内，组成中压联合调节汽阀（CRV）。每只汽阀都有各自独立的控制装置，即各由一个油动机控制，油动机用油压作用开启和弹簧作用关闭。该厂生产的 600MW 超临界汽轮机进汽结构与此类似。

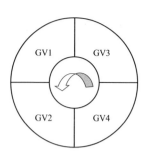

图 2-3　东方汽轮机厂 600MW 汽轮机高压调节汽阀布置示意图

四、上海汽轮机厂 1000MW 超超临界汽轮机

上海汽轮机厂生产的 1000MW 汽轮机为超超临界、一次中间再热式、单轴、四缸四排汽、双背压、八级回热抽汽、反动凝汽式汽轮机，机组型号为 N1000-26.25/600/600（TC4F）。该机组由上海汽轮机厂按西门子公司提供的技术制造。

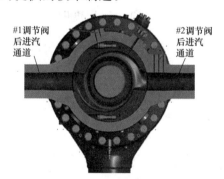

图 2-4　上海汽轮机厂 1000MW 汽轮机高压进汽通道布置示意图

汽轮机采用全周进汽、滑压运行的调节方式，其高压进汽通道如图 2-4 所示，同时采用补汽阀技术，以改善汽轮机的调频性能。全机设有两只高压主汽阀、两只高压调节汽阀、一只补汽调节汽阀、两只中压主汽阀和两只中压调节汽阀。补汽调节汽阀分别由相应管路从两只高压主汽阀后引至高压第 5 级动叶后。补汽调节汽阀与主、中压调节汽阀一样，均是由高压调节油通过伺服阀进行控制。经补汽调节汽阀节流后蒸汽分上下两根管道进入高压第四、五级动叶后的空间。补汽技术提高了汽轮机的过载和调频能力。该厂生产的 660MW 超超临界

汽轮机进汽结构与此类似。

第二节 汽轮机的配汽方式

大型汽轮机的配汽方式主要有节流配汽与喷嘴配汽两种。节流配汽是指进入汽轮机的所有蒸汽都通过几个同开度启闭的调节汽阀，然后再进入汽轮机，这种配汽方式常被称为单阀配汽方式。喷嘴配汽的汽轮机第一级为调节级，一般由四个或六个喷嘴组组成，每个喷嘴组分别对应一只调节汽阀，随着蒸汽流量的变化，调节汽阀依次顺序阀启闭，这种配汽方式常被称为顺序阀配汽方式或多阀配汽方式。节流配汽的主要优点为结构简单，制造成本低，定压运行流量变化时，各级温度变化小，负荷适应性好；主要缺点是低负荷时调节汽阀节流损失大。喷嘴配汽的主要优点为定压运行时节流损失少，效率较高；主要缺点是定压运行时调节级汽室及各高压级在变工况下温度变化较大，这常成为限制汽轮机快速变负荷的主要因素。

除节流配汽与喷嘴配汽外，还有一种配汽方式被称为混合配汽，其主要特点是在汽轮机低负荷时，几个调节汽阀同时启闭，具有节流配汽的特点；负荷增加时，部分调节汽阀关闭，但负荷增加到一定程度时，关闭的调节汽阀再依次顺序开启，具有喷嘴配汽的特点。目前，国内多数火电厂大型汽轮机组同时具有节流配汽与喷嘴配汽两种方式，并且可以在线切换；部分东方汽轮机厂生产的汽轮机只采用混合配汽方式；上海汽轮机厂生产的超超临界汽轮机一般只采用节流配汽方式。

汽轮机的配汽方式对机组运行的经济性与可控性均有较大影响，采用何种配汽方式需要综合考虑这两方面因素。绝大部分机组实践表明，在同时配置有单阀与顺序阀方式的汽轮机组上，在大部分负荷段，顺序阀配汽方式总是具有较高的经济性，图 2-5 为上海汽轮机厂 600MW 亚临界汽轮机组在两种配汽方式下的供电煤耗对比曲线。很明显，在 300～600MW 日常调峰范围内，与单阀方式相比，顺序阀方式可降低供电煤耗 2.5g/kWh 左右。

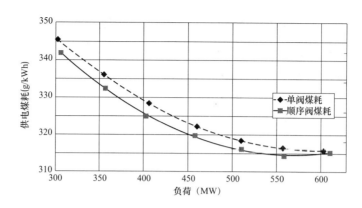

图 2-5　单阀与顺序阀方式供电煤耗对比曲线

显然，确保顺序阀方式的正常投运、提高顺序阀方式的可控性，具有很重要的意义；将混合配汽方式改造成顺序阀配汽方式，可以提高机组运行经济性；对于只能采用节流配汽的汽轮机组，研究如何在确保可控性的同时提高其运行经济性，则具有很现实的意义。

第三节　汽轮机的配汽函数

汽轮机的配汽是通过 DEH 系统中的配汽函数来实现的。通过配汽函数，DEH 系统将流量指令转化并分配给汽轮机的每个调节汽阀，从而实现调节汽阀开度的调整。正确的配汽函数可确保汽轮发电机的功率输出与其接收到的流量指令显现出严格的线性关系。对不同型式的汽轮机而言，尽管所使用的 DEH 系统有多种，但配汽函数实现其控制目标的途径主要有直接分配和间接分配两种典型方式。

一、直接分配

所谓直接分配，是指 DEH 接收到的流量指令没有经过中间环节，直接由一组配汽函数转化为每个调节汽阀的开度指令，如图 2-6 所示。

这种方式的优点是过程简单，使用方便；缺点是配汽函数最终直接反映了汽轮机的流量特性，就使得在调节汽阀开启顺序调整等运行工况改变的情况下，当各调节汽阀通流能力或不同喷嘴组喷嘴数量相差较大时，配汽函数的调整十分困难，一般均需要重新进行流量特性试验，费时费力。就具体的物理意义而言，上述配汽函数由与调节汽阀个数相同数量的函数组成，输入为总流量指令，输出为调节汽阀的开度，是每一个调节汽阀在顺序阀方式下的流量特性函数的反函数。流量特性函数表示的是调节汽阀开度与通过其蒸汽流量的关系。

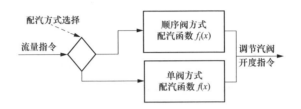

图 2-6　DEH 系统中各调节汽阀开度指令形成方式——直接分配方式

二、间接分配

所谓间接分配，是指 DEH 接收到的流量指令经过若干个有明确物理意义的中间环节后才转化为每个调节汽阀的开度指令，如图 2-7 所示。

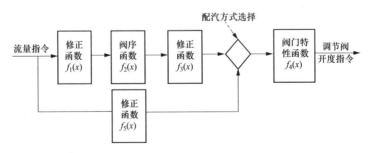

图 2-7　DEH 系统中各调节汽阀开度指令形成方式二——间接分配

这种方式的优点是各转换环节物理意义明确，只要分别确定每一个环节的转换函数，串联起来就可以最终将 DEH 接收到的流量指令合理分配到每个调节汽阀，顺序阀方式下阀序调整时，只需要修改阀序函数即可。缺点是转换环节复杂，转换函数需要设备厂家提供，或通过专门试验进行确定。就具体的物理意义而言，图 2-7 中修正函数 $f_1(x)$ 是实际流量—临界流量关系曲线；阀序函数 $f_2(x)$ 用来决定顺序阀方式下调节汽阀先后开启的顺序；修正函数 $f_3(x)$ 用来形成顺序阀方式下先后开启的调节汽阀之间的重叠度；阀门特性函数 $f_4(x)$ 表示的是临界状态下的单个调节汽阀通过流量与开度的关系；修正函数 $f_5(x)$ 用来修正单阀方式下调节汽阀的开度，使得输出结果与单阀方式下汽轮机的流量特性相匹配。

第三章

汽轮机顺序阀方式投运

第一节　顺序阀投运过程常见问题

为了确保启动过程中的设备安全，大型汽轮机组一般采用单阀方式完成冲转与带初负荷，在正常运行时则一般要求切换到顺序阀方式运行，以获得更好的经济性。随着大型火电机组运行参数的不断提高，汽轮机轴系质量与汽轮机功率比减小，高压缸进汽方式的改变对汽轮机转子的影响更加明显，这些影响集中表现在配汽方式改变时汽轮机轴承金属温度与振动的变化上。另外，当汽轮机切换到顺序阀方式运行时，DEH 系统采用的配汽曲线也会发生改变，由于设计、制造、安装与调试的偏差以及参数设置不尽合理等因素的影响，配汽方式切换时和切换后机组常会出现运行参数不稳定、控制性能变差的现象。具体的异常现象有以下几种。

一、汽轮机轴承金属温度或振动大幅度变化

顺序阀方式投运导致轴承金属温度大幅度变化，进而影响汽轮机安全运行方面的实例很多。高中压缸分开布置的汽轮机顺序阀运行时，轴承金属温度变化集中表现为高压缸进汽端轴承（♯2 轴承）与高压缸排汽端轴承（♯1 轴承）温度的变化。如：江苏 Y 电厂 600MW 机组汽轮机为上海汽轮机厂生产，投产初期时顺序阀方式可以正常投运，但约半年后出现♯1、♯2 轴承金属温度逐步上升的现象，顺序阀投运时最高上升到 97℃，而单阀运行时仅为 70℃，不得已又恢复单阀方式运行；山东 L 电厂♯2 机组汽轮机为上海汽轮机厂生产的 600MW 汽轮机，顺序阀投运后，♯1、♯2 轴承金属温度也出现大幅度上升，50％负荷时顺序阀方式下轴承金属温度为 97℃，且随着负荷的降低呈升高趋势，机组被迫长期单阀运行。高中压缸合缸布置的汽轮机顺序阀运行时，轴承金属温度变化集中表现为高压缸排汽端轴承（♯1 轴承）温度的变化。如：天津 P 电厂♯4 机组汽轮机为哈尔滨汽轮机厂生产的 600MW 汽轮机，由单阀方式切换为顺序阀方式运行时，♯1 轴承金属温度从 70℃增加到 105℃，顺序阀方式无法保证该机组安全

运行。

由单阀方式切换到顺序阀方式运行，汽轮机轴承振动的变化与轴承金属温度的变化类似，一般集中表现在汽轮机♯1、♯2轴承上，这方面也不乏实例。天津P电厂♯3机组汽轮机为哈尔滨汽轮机厂生产的600MW汽轮机，在顺序阀运行时♯2轴承振动明显增大，负荷350MW时，其轴振由单阀方式运行时的0.056mm增大为顺序阀方式运行时的0.101mm，顺序阀方式无法保证机组的安全运行；山东L电厂♯2机组大修后顺序阀投运时，机组负荷由600MW降至540MW时，♯2轴振动由0.076mm突增至0.18mm，且上下大幅度波动，汽轮机只好切回单阀运行。

可见，汽轮机配汽方式改变造成轴承金属温度与振动大幅度变化的问题，不只是在首次进行配汽方式切换的汽轮机才会出现，很多情况是汽轮机顺序阀方式投运一直正常，但运行一段时间后顺序阀方式下轴承金属温度与振动会逐渐增大，或者在汽轮机轴系调整后，再次投运顺序阀方式时轴承金属温度与振动增大，这也说明汽轮机在顺序阀方式下的工作状态必须长期关注。

二、高压调节汽阀在"阀点"处大幅晃动

对于采用部分进汽方式运行的汽轮机，"阀点"指先开启的汽阀基本全开而后开启的汽阀将开未开的阀位状态，一般情况下"阀点"泛指前后两个汽阀开度存在重叠区的这种阀位状态。高压调节汽阀在"阀点"处晃动主要表现为在机组负荷指令与主蒸汽压力不变的情况下，机组负荷因外界扰动产生很小变化时，某只高压调节汽阀开度在某一位置出现大幅度晃动。"阀点"处汽阀开度晃动问题很常见，通常晃动幅度在15%左右。浙江N电厂一台上海汽轮机厂生产的600MW汽轮机在顺序阀试投运时，在负荷几乎不变的情况下，♯2高压调节汽阀开度晃动幅度达到40%，这种晃动会造成油动机活塞等部件过度磨损，易发生泄漏，交变的作用力还会使汽阀位置反馈装置（LVDT）连接机构断裂，造成调节系统故障，严重时会导致停机。

三、配汽方式切换时参数波动大

汽轮机配汽方式切换时机组功率与主蒸汽压力波动很难避免，相关标准规定切换期间功率波动不应大于 3％额定功率，但有的机组在进行配汽方式切换时参数波动很大。浙江 N 电厂♯2 机组由顺序阀向单阀切换时参数波动严重，机组功率由切换前的 452.5MW 降低到切换完成后的396.9MW，切换过程中一度降低到 383.2MW，最大降低幅度达到69.3MW，主蒸汽压力大幅度上升，切换前后上升了 0.85MPa，机组安全运行受到严重威胁。

四、顺序阀方式运行时协调响应能力差

汽轮机机组协调运行响应能力主要表现为机组的负荷响应能力与主蒸汽压力响应能力。在顺序阀方式下，个别机组负荷按一定速率变化时，主蒸汽压力的实际变化常常严重超前或滞后于其设定值的变化。这种异步变化严重时会导致机组超压，尤其是当机组变负荷速度较快时，严重制约了机组的协调响应能力。

江苏 T 电厂600MW 超临界机组顺序阀投运初期就出现了负荷响应速度下降、汽压超调的现象；浙江 N 电厂600MW 亚临界机组在顺序阀投运期间也曾出现过机组在高负荷期间主蒸汽大幅度超压现象，机组负荷从600MW 按正常速率减到550MW 时，主蒸汽压力从 16.7MPa 快速上升到17.8MPa，机组安全稳定运行受到威胁。

五、机组一次调频能力不稳定

并网运行的汽轮机组一般都需要具备一次调频能力，每台机组的一次调频能力共同决定电网的一次调频能力，而电网的一次调频能力大小则是判断电网是否具有良好稳定性的一个重要因素。从汽轮机角度来说，影响机组一次调频能力的主要因素有两个：一是运行参数，特别是主蒸汽压力；二是配汽函数。采取滑压运行方式的机组，主蒸汽压力会随着负荷的降低

而下降，这会导致其一次调频能力下降。如果配汽函数与汽轮机特性不符，就会造成机组一次调频能力在整个负荷段分配不均匀，有的负荷段能力强，有的负荷段能力弱，而且在顺序阀与单阀方式下一次调频能力也会有差别。单台机组如此，则整个电网的一次调频能力实际上就处于一种不可控的状态。事故工况时，整个电网的抗干扰能力就会被大幅度削弱。

第二节　顺序阀投运过程异常原因分析

对顺序阀投运过程进行仔细分析后，可以发现第一节所述顺序阀投运过程中的异常现象主要是以下三个方面原因引起。

（1）汽轮机转子受到的蒸汽作用力发生变化。汽轮机在单阀方式运行时，汽轮机全周进汽，转子受力基本平稳；但从单阀方式切换到顺序阀方式后，在同样负荷下，汽轮机各高压调节汽阀开度会有很大不同，从而引起汽轮机调节级前后高压蒸汽流动状态的变化，汽轮机转子的受力不再平衡。这种不平衡将直接反映在轴承金属温度与振动的变化上，变化剧烈时会给汽轮机的安全运行带来严重影响。

（2）汽轮机高压调节汽阀通流特性的影响。汽轮机高压调节汽阀的通流量是由其前后压比与通流面积决定的，而通流面积主要受调节汽阀开度的制约，如果调节汽阀喉部通径偏小，就会影响到调节汽阀大开度下的通流量。试验与计算结果均表明，一般情况下当汽轮机高压调节汽阀开度达到 55％，此时开度再增加，蒸汽通流量则基本不再变化，只是受绕流的影响，流量或许会有略微增加。调节汽阀的这一通流特性使得汽轮机在顺序阀方式运行时会形成所谓的"阀点"。汽轮机以单阀方式运行在调节汽阀大开度情况下，或者以顺序阀方式运行在"阀点"位置时，常会碰到机组功率基本不变、但调节汽阀开度大幅度变化、甚至来回摆动的情景，严重威胁机组的安全运行。

（3）调节汽阀开度指令运算回路发生变化。大型汽轮机组一般采用DEH 进行蒸汽流量控制，单阀与顺序阀两种配汽方式切换时总流量指令保持不变，一系列的函数在时序控制下进行运算，最终得出每个高压调节汽阀的开度指令。配汽方式切换完成以后，汽轮机将按照与切换前完全不同的配汽特性曲线运行，理想的配汽特性曲线在不同的配汽方式下表现出来的各个高压调节汽阀开度虽然不同，但通过的总蒸汽流量是完全相同的。而在实际应用中，由于种种原因，配汽方式的切换往往造成总蒸汽流量产生偏差，这种偏差会直接反映到机组功率与主蒸汽参数的大幅变化上，严重时运行人员必须手动干预，对机组协调控制系统的正常运行造成不利影响。

一、顺序阀投运过程中轴承金属温度与振动变化机理分析

顺序阀投运过程中轴承金属温度与振动变化过大一般是大型汽轮机顺序阀方式投运过程中遇到的首个难题，也是无法避开的一个现实问题。汽轮机配汽方式的改变造成汽轮机转子受力状态发生变化，并直观地通过汽轮机高压或高中压转子轴承金属温度与振动变化的方式表现出来。因此顺序阀投运时，汽轮机轴承金属温度与振动发生变化是正常的，重要的是如何将这种变化控制在安全范围之内。

不同型式的汽轮机高压调节汽阀的个数与布置情况是有差别的，一般说来，国内容量为 125、200、600MW 的大型汽轮机有四个高压调节汽阀，以 600MW 汽轮机为例，从机头向发电机端看，为顺时针旋转，四个高压调节汽阀布置如图 3-1 所示；300MW 汽轮机一般设计有六个高压调节汽阀，从机头向发电机端看去为顺时针旋转，六个高压调节汽阀布置如图 3-2 所示。

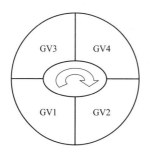

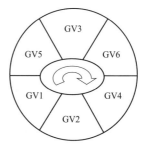

图 3-1　600MW 汽轮机
高压调节汽阀布置图

图 3-2　300MW 汽轮机
高压调节汽阀布置图

虽然图 3-1 与图 3-2 中高压调节汽阀数量与布置有差异，但它们都有一个共同的特点，就是高压调节汽阀总数为偶数且对称布置，这种布置方式为顺序阀方式时调整阀序带来一定便利条件，也就使得通过调整阀序来解决顺序阀方式时轴承金属温度与振动变化大这一问题成为可能。下面以图 3-1 所示阀门布置方式为例进行分析。

在正常情况下，汽轮机叶片的受力与通过该部分叶片的蒸汽流量成正比，而蒸汽流量与高压调节汽阀开度正相关，开度越大，叶片受力越大。假设向下及向右方向受力为正，受力分析如图 3-3 所示，其中 F_a、F_b、F_c、F_d 为高压缸进汽口 1、2、3、4 对应的叶片受力。F_{ar}、F_{ay}、F_{br}、F_{by}、F_{cr}、F_{cy}、F_{dr}、F_{dy} 为沿竖直与水平方向的受力分解，图 3-3 截面为汽轮机侧向发电机侧看；图 3-4 与图 3-5 分别为两个轴承金属温度测点与两个振动测量的现场布置情况。

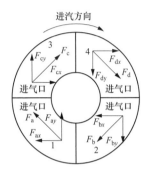

图 3-3　高压转子气流受力分析简图

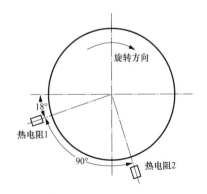

图 3-4　热电偶安装布置图

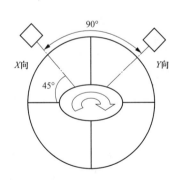

图 3-5　振动测点安装布置图

转子的所受汽流力分析如式（3-1）：

$$\begin{cases} F_{qx} = F_{dr} + F_{cr} - F_{br} - F_{ar} \\ F_{qy} = F_{dy} - F_{cy} + F_{by} - F_{ay} \end{cases} \tag{3-1}$$

在单阀方式控制进汽时，四个高压调节汽阀开度相同，机组高压缸各进汽口所受的汽流力大致相等，$F_{dr} \approx F_{cr} \approx F_{br} \approx F_{ar}$，$F_{dy} \approx F_{cy} \approx F_{by} \approx F_{ay}$。因此 $F_{qx} \approx 0$，$F_{qy} \approx 0$，转子受汽流合力的作用为零，转子在轴承支撑力与重力的作用下，保持平衡。顺序阀方式运行时，由于各高压调节汽阀开度差的存在，这种平衡要被打破，并且始终处于变化之中，这就造成了汽轮机高压端轴承油膜厚度也将随之发生变化，表现出来就是轴承金属温度与振动会发生变化。显然，这种变化有变大与变小两个可能。也正是这种现象的存在，为解决这类问题提供了依据。

下面还以图 3-1 所示阀门布置方式、顺序阀阀序 GV3&GV4-GV1-GV2 为例，对顺序阀方式下的汽轮机高压转子进行分析。在这种阀序下，当高压调节汽阀 GV3 与 GV4 均处于全开状态，GV1 高压调节汽阀有一定的开度，GV2 高压调节汽阀处于全关状态时，汽轮机高压转子所受的汽流力中 $F_{qx} > 0$，$F_{qy} < 0$。

以♯1 轴承为高压缸排汽端轴承、♯2 轴承为高压缸进汽端轴承，在上述过程中，汽轮机轴承油膜厚度增加，油膜刚度减小，转子稳定性下降，在同样大小的激振力的作用下，高压转子振动将会逐渐升高。由于转子受到水平向右与垂直向上的汽流力，转子在轴承中向右上方移动，♯2 轴承热电偶 1 处转子与轴承之间间隙增大，轴承金属温度有所降低；而♯2 轴承热电偶 2 处因转子与轴承之间间隙减小，轴承金属温度逐渐升高。高压缸出口处，汽流力是平衡的，但转子受到汽流力的作用，在♯1 轴承处产生了一反作用力，使得♯1 轴承处热电偶 1 处，转子与轴承之间的间隙减小，轴承金属温度升高；♯1 轴承热电偶 2 处，转子与轴承之间的间隙增大，轴承金属温度逐渐降低。

上述理论分析结论与现场实际顺序阀投运时的情况基本吻合，具有一定的指导意义。现场应用时，可以从改善顺序阀方式时转子受力的不平衡性入手，通过调整各高压调节汽阀之间的开度差来将顺序阀方式运行时轴承金属温度与振动的变化控制在可以接受的范围之内。对于具体应用来说，调整各高压调节汽阀之间开度差的最可行办法就是调整顺序阀方式的阀序。

如果有机会停机处理，可以通过调整轴承标高或高中压转子靠背轮间张口来重新分配汽轮机高压端轴承载荷，提高轴系的稳定裕度。调整的依据是特定阀序下汽轮机高压端轴承金属温度和振动的大小与变化情况以及轴承标高、靠背轮张口等原安装数据。

二、"阀点"处汽阀晃动机理分析

顺序阀方式下，机组在变负荷过程中，在"阀点"附近时先期开启的汽阀出现大幅度晃动，这一问题是大型汽轮机顺序阀运行时常见的现象，也是比较棘手的问题之一。这一问题的处理质量，影响到顺序阀投运的质量。

汽轮机在其真空一定时，高压调节汽阀的开度是由负荷与主蒸汽参数共同决定的。受 AGC 控制的机组，可能稳定在任一负荷点运行，这个负荷点是单元机组运行人员无法干预的；主蒸汽参数也是按照既定曲线运行，运行人员可以通过设置偏置等手段进行微调，但调整幅度有限。因此，对于 AGC 控制的机组，运行人员基本无法调整高压调节汽阀开度，"阀点"处运行也就无法避免，即通过运行调整来避开"阀点"处汽阀晃动是有困难的。引起顺序阀方式时"阀点"处汽阀开度晃动的根本原因是高压调节汽阀存在 45% 左右的空行程。在此行程内，调节汽阀通流量对汽阀开度的变化不再敏感，主蒸汽参数不变时，轻微的负荷变化会造成大幅度的汽阀开度变化。这种频次高、幅度大的波动对汽轮机的液压控制系统有很大损害。解决"阀点"处汽阀开度晃动这一问题的关键在于准确把握高压调节汽阀的空行程起点，重点解决先期开启的汽阀在空行程区段与后开启的汽阀之间的配合问题。如前章所述，因 DEH 系统控制软件逻辑设计原理不同，顺序阀方式配汽特性曲线形成原理也不同，有些机组 DEH 系统中这一曲线是可以直接设置的，而大多数 DEH 系统中这一曲线是经若干个不同功能的函数组态完成的，两者均需要通过专门的试验获得。对试验结果中涉及汽阀空行程的部分进行小范围调整不会对整个配汽特性曲线造成根本的影响，但却可以解决"阀点"处汽阀晃动这一问题。一般性的调整手段是提前后一汽阀开启时刻，同时推后前一汽阀的全开时刻，也就是增大前后汽阀之间的重叠度。试验结果表明，这种做法是有效的。对于 DEH 系统中使用若干个函数来形成顺序阀配汽特性曲线的汽轮机来说，有多种方式可以用来调整重叠度，不同方式所取得的配汽特性曲线实际应用效果是有差异的，其中对反映单个汽阀配汽特性的函数的调整最为关键。

有些电厂在运行中采用改变主蒸汽压力的方式来避开"阀点"，这一做法是有效的，但这种调整总是在晃动发生后进行，再加上前述的调整手段的限制，实际应用非常困难。有时调整不得不反复进行，极大地增加了运行人员的工作压力。因此，只有通过调整配汽特性曲线，才能从根本上解决"阀点"处汽阀开度晃动问题。

三、顺序阀投运过程中参数波动机理分析

汽轮机从单阀方式切换到顺序阀方式运行，配汽特性曲线发生了变化，这种变化给顺序阀投运带来至少两个问题：①在切换过程中与切换前后因实际流量改变较大而带来的问题，主要表现为切换过程中与切换前后主蒸汽参数与机组负荷波动大；②切换完成后，负荷变化过程中因汽轮机配汽特性的改变而造成的机组协调运行性能的变化，主要表现为某一负荷段主蒸汽参数变化过快、负荷响应偏慢等现象。一个比较危险的工况就是机组在高负荷段协调降负荷时，主蒸汽会大幅度超压。有的电厂通过降低高负荷时主蒸汽压力的运行设定值来解决这一问题，而实际这种做法是以牺牲机组运行的经济性为代价的，只是一种权宜之计。图 3-6 是某汽轮机厂家提供的国产 600MW 汽轮机在单阀与顺序阀方式下配汽特性曲线对比，图中顺序阀阀序为 GV2&GV3-GV4-GV1。一般情况下，汽轮机高压调节汽阀开度在 40％以下时，汽阀开度与蒸汽通流量均呈现出良好的线性关系，对应图 3-6，58％流量指令以下这个区段。在这个区段内，顺序阀方式时两个汽阀开启，另外两个汽阀完全关闭，而单阀方式时四个汽阀均开启，当四个汽阀控制的喷嘴通流能力完全一样时，顺序阀方式下的两个汽阀的开度应为单阀方式下四个汽阀开度的一倍，这样才能保证两种配汽方式下的配汽特性完全一致，而实际上图 3-6 表现出来的结果并非如此。经计算，

当流量指令为 57.6% 时，顺序阀方式下四个汽阀开度分别为 40.58%、40.58%、0%、0%，而单阀方式下，四个汽阀开度均为 15.61%，与理论值 20.29% 相差较多。实际试验结果也表明，按照图 3-6 所示的配汽特性曲线来进行顺序阀方式投运，在从单阀向顺序阀切换过程中会出现负荷大幅度增加、主蒸汽压力快速下降的现象，在顺序阀投运情况下减负荷时会出现主蒸汽大幅超压的现象。

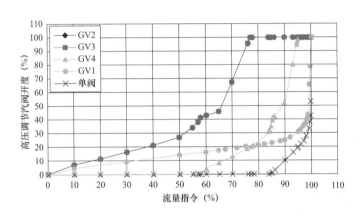

图 3-6　600MW 汽轮机在单阀与顺序阀方式下配汽特性曲线的对比

　　上述内容用实例分析了两种配汽曲线之间的差异以及这种差异给机组正常运行带来的不良影响，这种差异在两种配汽方式之间可能只存在于某一负荷点，也可能在所有负荷段均存在。但无论如何，最大限度地消除两种配汽特性曲线之间的差异是解决问题的根本途径。

第三节　顺序阀投运试验方法

　　在明确汽轮机顺序阀方式投运时各异常现象的原因后，可以设计一系列试验来辅助顺序阀投运工作，从而确保投运过程的安全。相关试验主要有 6 项，按先后顺序分别为：①阀门关闭试验；②配汽特性仿真试验；③配汽方式无扰切换试验；④配汽方式正常切换试验；⑤顺序阀方式下负荷变动试验；⑥单阀与顺序阀方式经济性对比试验。具体试验流程如图 3-7 所示。

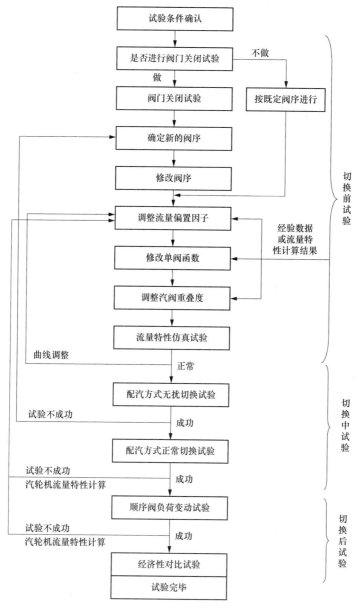

图 3-7　顺序阀方式投运试验流程图

上述试验完成后，最终可实现配汽方式改变前后汽轮机轴承金属温度与振动变化幅度小、顺序阀方式运行时"阀点"处阀门晃动小、切换时参数扰动量小、顺序阀方式运行时机组协调工作正常这一目标。同时检验顺序阀方式运行时机组经济性的提高程度，以便与同类型机组比较，发现长处与不足，进一步挖掘机组的节能潜力。各项试验具体内容如下，其中图 3-7 中的汽轮机流量特性相关内容将在第四章介绍。

一、阀门关闭试验

阀门关闭试验就是有选择地缓慢关闭处于单阀方式运行下的汽轮机的一到两个汽阀，通过观察这一过程中汽轮机轴承金属温度的变化来确定轴承受力的变化；通过观察汽轮机转子间隙电压的变化来确定轴心相对于轴承位置的变化；通过观察汽轮机转子振动的变化来估算激振力与不平衡力给转子运行稳定性带来的影响；通过观察每个汽阀关闭时负荷的变化来检验高压调节汽阀特性是否一致；最后综合以上监测数据与观察结果，做出合理判断，确定出能满足汽轮机安全运行的顺序阀方式的阀序。一般地，如果汽轮机单阀方式运行时，轴承金属温度与振动正常，就能够通过试验寻找出合适的阀序，正常投入顺序阀方式运行。当然，如果现场具备轴承载荷调整条件时，阀门关闭试验的结果还可以为汽轮机安装参数调整提供有力依据，以便通过调整轴承载荷的方式来解决实际运行过程中瓦温高或振动大的问题。

二、配汽特性仿真试验

配汽特性仿真试验就是通过相应软件离线模拟 DEH 系统中配汽特性函数的生成过程，并最终形成总流量指令与各高压调节汽阀开度指令之间的关系。仿真程序应至少具有单阀运行仿真、顺序阀运行仿真和配汽方式切换过程仿真三项基本功能。将仿真程序中各子函数按 DEH 系统中相应函数进行同样设置，即可以仿真出汽轮机进行真实顺序阀投运时各高压调节汽阀的开度变化情况。通过仿真程序，可以尽早发现汽轮机配汽特性函数组合中的缺陷；可以方便地获得在不同配汽方式下的配汽特性曲线；可以检查在阀点处高压调节汽阀的动作情况；可以很容易地进行汽阀之间重叠度的调整；可以最大限度地确保即将写入 DEH 组态中的配汽特性函数组合的正确性，提高顺序阀投运试验的安全性。

三、配汽方式无扰切换试验

配汽方式无扰切换试验的目的是通过一定的试验方法将单阀向顺序阀切换过程对汽轮机安全运行的影响降到最低限度。具体做法是：在单阀方式下，增加机组负荷，同时适当降低主蒸汽压力，使所有高压调节汽阀达到全开状态，然后进行单阀方式向顺序阀方式的切换；切换完成后，各高压调节汽阀会仍然保持全开状态，但汽轮机的配汽方式已经由单阀方式转化为顺序阀方式；此后逐步降低机组负荷指令，各高压调节汽阀会按照设定的动作顺序关小，此时密切关注汽轮机轴承金属温度、振动、转子间隙电压的变化与"阀点"处汽阀开度的晃动情况，直到两个汽阀完全关闭。在此过程中，各监视参数如有超限趋势应保持工况稳定或立即中止试验。

上述配汽方式无扰切换成功避开了单阀向顺序阀的实际切换过程，直接检验汽轮机在顺序阀状态下各汽阀开度时主要参数的实际情况。如果在每一汽阀开度组合下，汽轮机主要参数变化均在合理范围内，就可以保证配汽方式正常切换能够安全进行。如果该试验不成功，就需要重新确定顺序阀阀序，经过仿真试验后再进行该项试验。

四、配汽方式正常切换试验

配汽方式正常切换试验就是在监视的情况下进行单阀向顺序阀、顺序阀向单阀的切换，试验选择在不同负荷点处进行。这一试验经常会遇到，切换过程中或完成后机组参数波动较大的问题，主要表现在切换前后机组负荷与主蒸汽压力变化幅度较大上。这种较大波动可能只发生在某一负荷点，也可能在所有负荷点切换时均会发生。如前文所述，配汽方式切换完成以后，汽轮机将按照与切换前完全不同的配汽特性曲线运行：如果这两个配汽特性曲线不完全一致，就会出现配汽方式切换前后机组负荷与主蒸汽压力大幅变化的情况；如果这种情况只在某一特定负荷点才发生，说明两个配汽特性曲线只是在这一负荷点才不一致，在其他负荷下都是一致的，这时可以通过局部调整配汽特性曲线或切换时避开该负荷点给予解决；如果在所有负荷点切换时负荷与主蒸汽压力均会发生较大波动，说明这两个配汽特性曲线完全不一致，需要重新设置，具体设置可以通过修改配汽特性函数组合中的子函数来进行。

单阀与顺序阀两种配汽方式切换过程函数一般由 DEH 系统的时钟控制，切换过程总时间可以人为调整。总切换时间长，切换过程函数每次变化量小，切换过程相对稳定；总切换时间短，切换过程函数每次变化量大，切换过程扰动相对较大。这个函数的形式一般如下

$$GV = a \cdot GA + (1-a) \cdot FA \qquad (3\text{-}2)$$

式中：GV 为各高压调节汽阀的开度指令，GA 为单阀方式下各汽门开度给定值；FA 为顺序阀方式下各汽门开度给定值；a 为单阀系数，在单阀状态下 $a=1$，在顺序阀状态下 $a=0$，在配汽方式切换过程中，a 为介于 0 与 1 之间的数值。

五、顺序阀方式下负荷变动试验

顺序阀方式下负荷变动试验分升负荷与降负荷两个阶段，试验时机组协调投入，汽轮机处于顺序阀运行方式，主蒸汽压力按滑压曲线确定，按正常变负荷速度连续同向改变负荷，重点观察机组协调运行情况以及"阀点"处汽门晃动情况。在负荷变动过程中，汽轮机运行到"阀点"附近时，负荷变动应暂停，此时可以仔细观察汽门开度是否存在明显晃动。如果出现晃动，那么就要对配汽特性曲线进行调整。如果在上述试验中发现机组在顺序阀方式下协调运行异常，则必须通过修改汽轮机的配汽特性曲线来解决。

六、单阀与顺序阀方式经济性对比试验

在机组完成顺序阀方式下负荷变动试验后，汽轮机顺序阀方式即可正常投运，但在正式投运前有必要进行一次单阀与顺序阀方式经济性对比试验。试验在不同配汽方式下分别选取多个有代表性负荷点进行，据此得到

顺序阀方式投运后所取得的节能效果，将这一效果与同类型机组相比，可以发现优点与不足，以利于以后工作的开展。

本节所述六项试验包括了汽轮机顺序阀投运的全部工作，是一个有机的整体，新建机组在进行汽轮机顺序阀投运时，建议逐一完成上述试验，以确认配汽方式切换与顺序阀方式运行的安全性与经济性；机组检修后启动或者运行时出现问题时，可以根据实际问题情况，选择其中的几项试验进行。需要提醒的是，汽轮机轴系的大修极可能会改变轴系的稳定性，按上述方法进行顺序阀投运试验可以提早发现异常；第一次配汽方式切换时要加强对转子振动、轴承温度和"阀点"附近调节汽阀晃动情况的监视，以便及时发现与处理异常情况。

第四节　汽轮机顺序阀方式投运试验实例

一、某 600MW 汽轮机组顺序阀方式投运

某发电厂 600MW 汽轮机为上海汽轮机厂生产的型号为 N600-16.7/538/538、亚临界、中间再热式、单轴、四缸、四排汽、凝汽式汽轮机，高压调节汽阀布置相对位置如图 3-1 所示。

阀门关闭试验时，发现如按原设计 GV3&GV4-GV1-GV2 的阀序进行顺序阀方式投运，会出现♯1、♯2 轴承振动突增现象，原设计阀序不可用。随后通过试验，发现 GV1&GV4-GV2-GV3 的阀序可行，表 3-1 为阀门关闭试验时的部分试验数据。GV3 高压调节汽阀基本关闭时，♯2 轴承内的转子位置明显向右向方上浮，而当 GV2 高压调节汽阀也关闭时，♯2 轴承内的转子位置则基本归位；上述过程表现在♯2 轴承金属温度变化上，为♯2 轴承金属温度 1 明显上升而♯2 轴承金属温度 2 则略有下降；上述过程表现在♯2 轴承振动变化上，为♯2 轴承振动 X 向与 Y 向均略有上升，但变化均在正常范围内。在♯3 高压调节汽阀基本关闭到♯2 高压调节汽阀关闭的过程中，♯1 轴承内高压转子的位置也略有变化，♯1 轴承金属温度 1 明显

下降而♯1轴承金属温度2则明显上升，♯1轴承振动只是略有变化。

表 3-1   阀门关闭试验数据

GV1 开度（%）	26.8	96
GV2 开度（%）	26.6	0
GV3 开度（%）	2.4	0
GV4 开度（%）	26.8	98.3
♯1轴 X 向振动（μm）	38	45
♯1轴 Y 向振动（μm）	57	51
♯2轴 X 向振动（μm）	47	68
♯2轴 Y 向振动（μm）	59	69
♯1轴 X 向间隙电压（V）	−10.2	−9.8
♯1轴 Y 向间隙电压（V）	−9.01	−9.84
♯2轴 X 向间隙电压（V）	−9.09	−8.2
♯2轴 Y 向间隙电压（V）	−7.4	−9.0
♯1轴承金属温度1（℃）	85.6	78.6
♯1轴承金属温度2（℃）	61.7	73.3
♯2轴承金属温度1（℃）	55.9	61.1
♯2轴承金属温度2（℃）	71.3	68.5

在进行配汽特性仿真试验时，发现：①单阀特性函数的第一个开启点均设置有6%的跳跃点，这是为带有预启阀的高压调节汽阀专门设计的，而该厂600MW汽轮机调节汽阀在设计中取消了预启阀装置，因此该6%的跳跃点设置应该取消；②如按原配汽函数设置，在顺序阀方式投运时，前一个汽阀到达40%开度后，该汽阀会处于等待状态，等后一汽阀慢慢开启，而当流量指令到达某一数值后，前一汽阀瞬间会从40%开度到达全开状态，当流量指令恰好在该点晃动时，这种设置会引起高压调节汽阀的大幅度晃动，给汽轮机安全运行带来很大威胁。针对以上情况，采取的处理方法是：①取消单阀特性函数中的6%的跳跃点；②修改汽阀在拐点处的动作方式，改前一汽阀从40%开度突然开启为缓慢开启。

在进行配汽方式正常切换试验时，发现在420MW负荷附近切换过程中，最大负荷波动为80MW，明显超出一般允许值。为此，对原出厂设置的流量特性函数重新进行仿真检查，确定造成这种剧烈变化的根本原因是汽轮机的配汽曲线与其流量特性严重不匹配，同一流量指令下顺序阀方式下的阀位对应的实际流量与单阀阀位对应的实际流量偏差过大。对此问题，根据流量特性试验结果，对汽轮机的配汽特性曲线进行了修改。

在进行顺序阀方式下负荷变动试验时，发现机组在较大范围内正常连续变化负荷时，主蒸汽压力变化较大，机组负荷在 550MW 以上时，还引起主蒸汽压力超压。分析认为这是因为汽轮机在投运初期长时间处于单阀方式运行，机组的协调控制参数均是按汽轮机在单阀方式时调整的，顺序阀方式投运后，协调控制参数没有改变，但对于同一流量指令所对应的汽阀开度实际可发功率却发生很大变化，表现出来就是负荷响应变慢，降负荷时易超压，升负荷时易欠压。通过重新调整汽轮机配汽特性曲线解决了这个问题。

上述过程结束后，该机组汽轮机顺序阀方式可以正常投运。为了得到顺序阀方式投运所取得的节能效果，对该机组单阀与顺序阀方式进行了经济性对比试验。试验结果表明，在 300～600MW 日常调峰范围内，与单阀方式相比，顺序阀方式可降低供电煤耗 0.4～4.3g/kWh，平均降低 2.5g/kWh。

二、某 300MW 汽轮机组顺序阀方式调整

某发电厂汽轮机为上海汽轮机厂生产的 300MW 亚临界汽轮机，共有六只高压调节汽阀，布置方式如图 3-2 所示。机组经过小修后首次启动，在进行汽阀活动试验时，发现 GV1、GV3、GV5 高压调节汽阀从 20％开度关到 12％开度的过程中，汽轮机♯1 轴承振动快速上升，立即停止试验，但♯1 轴承 X 向、Y 向振动仍继续上升达到跳闸值，汽轮机跳闸，停机过程中各轴承金属温度正常。

该汽轮机在单阀方式运行时正常，汽阀活动性试验半侧高压调节汽阀关闭引起轴承振动高保护跳闸，而顺序阀方式时汽阀的状态与汽阀活动性试验时相似，考虑到在进行配汽方式切换时也极有可能会出现振动高甚至跳机的现象，电厂没有贸然切换到顺序阀方式运行。经检查，该机组汽轮机在本次小修前，历次汽阀活动试验时轴承振动均表现正常，顺序阀方式

以 GV1&GV2-GV4-GV5-GV6-GV3 的阀序投运正常，配汽方式切换时轴承振动表现正常。在小修期间，对汽轮机♯1 轴承的标高进行了调整。分析后认为，♯1 轴承标高的调整可能是引起汽阀活动性试验时♯1 轴承振动超标的原因，而要投运顺序阀方式，需要重新确定合适的阀序，以防止顺序阀方式投运时轴承振动出现大幅度变化的现象。

随后，对该机组汽轮机进行了阀门关闭试验、配汽方式无扰切换试验与配汽方式正常切换试验。具体试验时，在单阀方式下，降低主蒸汽压力，使各高压调节汽阀全开，先按原设计阀序（GV1&GV2-GV4-GV5-GV6-GV3）依次关小各汽阀，同时观察各轴承振动与温度的变化。试验中发现，在♯6 高压调节汽阀关小到 12.5％时，1X 向振动就已达到 127μm，1Y 向振动也增大明显。结果表明，♯1 轴承标高调整过后，原设计阀序已经不再适合该汽轮机顺序阀方式，试验数据见表 3-2。

表 3-2　　　阀门关闭试验结果（阀序 GV1&GV2-GV4-GV5-GV6-GV3）

高压调节汽阀开度（%）	♯3	100	37.1	20	16.3	10	0	0	0	0	0
	♯6	100	100	100	100	100	45	35.7	20	15	12.5
	♯5	100	100	100	100	100	100	100	100	100	100
	♯4	100	100	100	100	100	100	100	100	100	100
	♯2	100	100	100	100	100	100	100	100	100	100
	♯1	100	100	100	100	100	100	100	100	100	100
振动（μm）	1X	76	78.3	83	84	88	94	100	104	114	127
	1Y	80	77.8	76	75	75	80	80	87	94.4	90
	2X	78	79	81	84	86	90	89	93	95	98
	2Y	83	82	82	83	83	85	85	82	84	87
轴承金属温度（℃）	♯1X	75.4	75.5	76	76	76	75	74.9	73	72.2	71.6
	♯1Y	72.1	71.6	70.8	69	68	68	67.4	65.2	64	63.5

针对以上试验结果，考虑到在进行阀门关闭试验时，♯1 轴承 X、Y 两个方向轴承振动都明显偏高，分析后认为，GV6 的开启将有利于抑制振动的上升，阀序 GV1&GV2-GV4-GV6-GV5-GV3 和阀序 GV6&GV3-GV5-GV4-GV1-GV2 将是有效的方式。按阀序 GV1&GV2-GV4-GV6-GV5-GV3 进行阀门关闭试验，在 GV6 调节汽阀关小到 29％时，1X 向振动也达到了

$122\mu m$，1Y 向振动也增大明显，这种阀序不可取。试验数据见表 3-3。

表 3-3　　阀门关闭试验结果（阀序 GV1&GV2-GV4-GV6-GV5-GV3）

高压调节汽阀开度（%）	♯3	27	0	0	0	0	0
	♯5	100	24	17.5	0	0	0
	♯6	100	100	100	40	31.5	29
	♯4	100	100	100	100	100	100
	♯2	100	100	100	100	100	100
	♯1	100	100	100	100	100	100
振动（μm）	1X	80	94.6	101	102	117	122
	1Y	76	74.0	75	64	79	94
	2X	77	83.6	87	90	102	105
	2Y	79	78.3	80	76	85	88
轴承金属温度（℃）	♯1X	75.2	75.3	77.1	78.3	77.4	76.8
	♯1Y	70	68.9	67.8	66.8	65.3	64.8

随后，按阀序 GV6&GV3-GV5-GV4-GV1-GV2 进行阀门关闭试验，试验结果见表 3-4。在这种阀序下，GV4 高压调节汽阀全关时，♯1 轴承振动没有超过 $85\mu m$，♯1 轴承金属温度上升不到 10℃，均在允许的范围内。试验过程中，在 GV4 高压调节汽阀全关、GV5 高压调节汽阀开度为 40% 时，对汽轮机进行了快速扰动，快速增大负荷指令，使 GV5 高压调节汽阀快速全开，GV4 高压调节汽阀快速由全关开到 20% 左右，汽轮机♯1 轴承振动最高仅上升到 $95\mu m$，远小于规定值。机组恢复正常后，进行了一次配汽方式无扰切换试验，并在 180MW 负荷附近分别进行了一次单阀向顺序阀、顺序阀向单阀方式的切换试验，整个试验过程中汽轮机轴承金属温度与振动表现正常。

表 3-4　　阀门关闭试验结果（阀序 GV6&GV3-GV5-GV4-GV1-GV2）

高压调节汽阀开度（%）	♯2	100	15	0	0	0	0	0	0	0
	♯1	100	100	24	15	0	0	0	0	0
	♯4	100	100	100	100	45	21	0	20	10	0
	♯5	78	100	100	100	100	100	40	100	58	16
	♯3	100	100	100	100	100	100	100	100	100	
	♯6	100	100	100	100	100	100	100	100	100	100

续表

振动 （μm）	1X	78	81	77.4	76	83	80	69	95	71.1	69.9
	1Y	78	80	80.2	80.5	79	86	79	94	75.6	73.1
	2X	77	75	73.3	74.3	74	76	73	87	73.1	71.6
	2Y	81	80	84.7	85.3	86	91	88	95	84.6	84.5
轴承金属温度 （℃）	♯1X	75	74.9	75.6	76.9	77.2	75	72	73	72	75.4
	♯1Y	70.7	72.5	74.1	76.5	77.2	77.3	79	78	77	80.4
	♯2X	73.5	73.4	74.2	75.4	75.7	72.2	69	71	69	72.6
	♯2Y	52.7	51.4	49.6	47.5	46.7	46.5	45	46	46.7	42.8

上述试验结果表明，该机组汽轮机在阀序 GV6&GV3-GV5-GV4-GV1-GV2 时，能顺利进行配汽方式切换，切换为顺序阀方式后的汽轮机能应对负荷突然扰动，保证机组的安全运行。

第四章

汽轮机流量特性

第一节　汽轮机流量特性的影响

汽轮机的控制性能突出表现在它对负荷的响应能力。大型汽轮机的工作原理表明，在调节过程中汽轮机对负荷的响应能力与通过它的蒸汽流量密切相关，用简单的一句话来形容，即汽轮机机械输出功率与通过它的蒸汽流量成正比。大型汽轮机一般采用多个调节汽阀进行流量控制，就每只调节汽阀而言，其自身具有确定的流量特性，该特性反映了通过调节汽阀的蒸汽流量与其升程、前后压比的关系，由若干个这样的调节汽阀组成的调节汽阀组与汽轮机调节级一起可实现对汽轮机主蒸汽流量的调节。对比单个调节汽阀，一般将调节汽阀组的综合升程与通过汽轮机流量的关系看作是汽轮机的流量特性，准确把握汽轮机流量特性是实现其精确控制的前提。

目前，在全国范围内 300、600、1000MW 汽轮机组已成为主力机组，其控制性能的好坏对机组甚至电网运行的可控性与安全性有很大的影响。早期投产的 300、600MW 汽轮机组有的已经经历了若干次检修，由于老化、磨损甚至改造的原因，汽轮机调节汽阀与汽缸通流部分的物理状况均可能发生很大变化，这必然会造成其流量特性的改变。由于整台火电机组可控参数较多，汽轮机流量特性改变较小时，其他参数的调整可以弥补汽轮机流量特性改变而带来的控制偏差，因此一般不易被察觉；但当汽轮机设备结构尺寸改变严重或流量控制方式发生改变时，其流量特性对控制性能的影响就会十分明显。

如前所述，大型汽轮机控制系统是通过配汽函数完成调节汽阀开度的控制，调节汽轮机蒸汽通流量，最终实现对机组功率的控制。受设备结构的影响，汽轮机调节汽阀开度与通过其进入汽轮机的蒸汽流量并非线性关系；而配汽函数可以使汽轮机接收到的总的指令与输出的功率表现出强线性关系。汽轮机控制系统中的配汽函数与汽轮机流量特性相匹配时，汽轮机会表现出良好的控制性能，否则就会出现诸如调节汽阀晃动、配汽方式切换时负荷波动大、一次调频能力差、机组协调响应能力差等情况，甚至会造成电力系统振荡事故。在实际生产中，这些情况时有发生。

　　汽轮机作为电网的动力来源，其流量特性与电网稳定性密切相关。南方电网就曾经发生过一台汽轮机配汽方式切换时负荷波动大而导致全网功率振荡事故，而造成此次配汽方式切换时负荷波动大的原因就是汽轮机的配汽曲线与其流量特性严重不匹配。某地区电厂3号机组曾连续出现了两次功率振荡现象，事后根据相量测量单元（PMU）数据进行分析，发现系统在较强阻尼运行工况下仍出现了零衰减功率振荡现象，无法采用经典的负阻尼机理对此进行解释。又经过理论及仿真对比分析，确认这两次振荡均为典型的强迫功率振荡，查找出扰动源为该机组汽轮机的调节汽阀，在现有配汽曲线下发现其行程每达到某一确定值时，调节汽即发生周期性抖动。在优化了相关配汽函数的参数后，类似的低频振荡事件被消除。目前，为了考查并网汽轮机调速系统的调节性能，为电网的日常生产与调试提供准确的计算依据，同时为电力系统的中长期稳定性仿真分析提供真实可靠的数据，全国范围内均开展了汽轮机调速系统参数实测与建模工作。准确的汽轮机的流量特性是精确获取调速系统模型中关键参数的基础，作为电力系统仿真四大模型之一的调速系统模型，其精度会影响到电力系统仿真结果的准确性。

第二节　汽轮机流量特性的试验与计算

　　获取汽轮机流量特性的途径主要有两种：一是通过理论计算或辅以现代数学方法来得到；二是通过现场流量特性测试来取得。从研究方法上说，目前的研究主要是从两个方面进行：一是理论计算，其结果多是理论性的，常与现场实际偏差较大，其主要价值体现在为汽轮机流量特性的研究提供理论依据，指明方向；二是试验研究，其出发点是获得与实际情况更为贴近的配汽曲线，提高汽轮机控制的精度。试验研究丰富了汽轮机流量特性的现场测试手段与方法，在一定程度上解决了汽轮机配汽曲线严重偏离真实流量特性的问题。

汽轮机变工况原理是研究其流量特性的根本出发点，弗留格尔公式是汽轮机变工况的理论基础，它简单明了，但有一定的适用范围。对于汽轮机调节级，该公式不直接适用，而研究汽轮机流量特性，对调节级变工况的研究是无法逾越的。就目前的采用喷嘴配汽的汽轮机结构来说，调节汽阀与调节级是一个不可分割的整体，研究汽轮机的流量特性必须同时考虑调节级的影响。

经过大量的现场实践与分析后认为，对于运行中的汽轮机来说，结构参数的缺失常使理论计算难以进行，而现场试验的方法只需要汽轮机在特定工况下的运行参数即可得到较为准确的流量特性，特别适合运行中的汽轮机。将现场试验与理论计算相结合，可提高汽轮机流量特性计算的效率与精度，其中几个关键因素为：①流量指令的表征方法；②调节级临界压比的计算方法；③汽轮机流量特性的计算方法。针对调节汽阀开度指令形成方式的不同，分别制定合适的试验方法，最终形成精确匹配汽轮机流量特性的配汽曲线。

目前，汽轮机流量特性试验方法并不统一，比较有代表性的有两种：一是按既定的配汽方式进行试验，直接得到汽轮机的流量特性，采用图 2-6 直接控制方式的汽轮机流量特性试验一般采用这种方法；二是通过流量试验获取单个调节汽阀的流量特性，然后再通过计算得到调节汽阀组的流量特性，采用图 2-7 间接控制方式的汽轮机流量特性试验一般采用这种方法。

一、流量指令的表征

首先需要说明，在汽轮机流量特性试验过程与计算中，各参数是用相对值来表征的，其比较的基准状态就是额定负荷下所有调节汽阀全开工况。将该工况下的参数用下角标 0 表示，其他工况下的参数用下角标 1 表示，调节级后的相关参数用下角标 e 表示。

使用调节级压力 p_e 来表征主蒸汽流量的方法很常见，一般如式（4-1）所示

$$\frac{G}{G_0} = \frac{p_e}{p_{e0}} \tag{4-1}$$

式中：G 表示通过汽轮机的蒸汽流量。

式（4-1）忽略了调节级温度 T_e 变化对主蒸汽流量的影响，在实际应用中，这种方法有一定代表性。实际机组负荷变化过程中调节级温度变化很大，尤其是在顺序阀方式运行时。

图 4-1 表明不同配汽方式下调节级温度随机组负荷率的变化曲线，其中负荷率是以额定负荷为比较基准得到的，下同。调节级温度变化如此大，会给蒸汽流量的计算结果带来一定影响，将其直接忽略是不合适的。

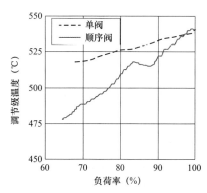

图 4-1　调节级温度变化

通常情况下，大型汽轮机调节级以后的各级变工况满足弗留格尔公式的应用条件。以汽轮机高压缸调节级后的所有级为一个级组，它在常规变工况时总处于亚临界状态，但由于级数较多、背压较低，G、p_e 与 T_e 之间满足式（4-2），即

$$\frac{G}{G_0} = \frac{p_e}{p_{e0}}\sqrt{\frac{T_{e0}}{T_e}} \qquad (4\text{-}2)$$

式（4-2）考虑到了调节级温度变化对流量的影响，对式（4-1）做了一定改进。

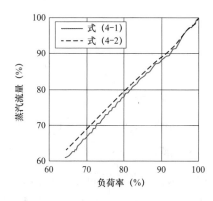

图 4-2　调节级温度变化对
蒸汽流量的影响

图 4-2 是一台 600MW 超临界机组顺序阀状态下分别采用式（4-1）和式（4-2）时主蒸汽流量的计算结果。很显然，同一负荷下是否考虑调节级温度变化导致主蒸汽流量的计算结果有明显不同，负荷越低，两者偏差越大，70％负荷时，两者偏差达到了 3.5％左右。由此可见，计算主蒸汽流量时，调节级温度是必须要考虑的，使用式（4-2）可以得到一个较为精确的结果。

由于弗留格尔公式推导时使用了理想气体假定，会产生一定偏差，级前压力小于 5MP 时，式（4-2）精度约为 1%，负荷越低、压力越高，偏差就会越大。如果将该公式应用于超超临界汽轮机的高压部分，计算结果偏差高达 4%。为了提高计算精度，建议使用压力 p 与比容 v 来代替温度 T，则式（4-2）可转化为

$$\frac{G_1}{G} = \sqrt{\frac{p_{e1}}{p_e} \cdot \frac{v_e}{v_{e1}}} \tag{4-3}$$

使用式（4-3）对汽轮机实际的主蒸汽流量进行计算，对比式（4-2），结论是：在滑压工况下，式（4-3）计算误差小于 0.5%；在定压工况下，由于喷嘴配汽时调节级存在部分进汽度，计算结果误差可超过 1%，但精度比式（4-2）有较大幅度提高。

二、调节级临界压比的计算

在汽轮机变工况分析中，一般将汽轮机工作级所处的状态分为临界状态与亚临界状态。临界状态是指级内喷嘴或动叶两者之一的流速达到或超过临界流速时级的状态。工况变化时，汽轮机每一工作级所处的状态随时都可能发生转变，由于级的构成结构不同，汽轮机所有的级中，调节级和末级的状态变化常在临界与亚临界状态之间转换，而中间各级一般均处于亚临界状态。判断级所处状态的关键参数是临界压比，一般将使级达到临界工况的最高背压称为级的临界压力，级临界压力与级前压力之比称为级的临界压比。当级的压比大于临界压比时，级处于亚临界状态；当级的压比等于或小于临界压比时，级处于临界状态。

对于单列喷嘴来说，其临界压比仅与蒸汽性质有关。对于过热蒸汽，喷嘴的临界压比 ε_{nc} 为一常数 0.546。根据级临界压比的定义，对于由喷嘴和动叶组合构成的汽轮机级来说，由于反动度的存在，汽轮机级的临界压比常小于喷嘴的临界压比，而反动度大小又随着级的焓降而变化，因此级的临界压比的确定要比喷嘴困难得多，尤其对于状态多变的调节级与末级。出于变工况分析与计算的需要，有人分别对汽轮机末级与中间级的临界压

比进行了分析计算。由于涉及反复迭代运算，计算过程较为复杂，不适合手工计算。也有文献通过详细的分析给出了级的临界压比曲线，但需要事先知道级的反动度，但反动度并不是固定不变的常数，使得该曲线应用起来会有一定困难。对于工况经常大幅度变动的调节级来说，上述问题同样存在。多数汽轮机常采用喷嘴调节，此时构成调节级的各喷嘴组工作状态不完全相同，使计算更为复杂，如果能方便地获得调节级的临界压比，无疑会给分析计算带来极大的方便。

为了提高喷嘴调节汽轮机的控制精度，经常需要对其进行流量特性试验，以准确掌握调节汽阀开度与通过汽轮机蒸汽流量的关系。在试验过程中，每个调节汽阀的开度不完全相同，有的全开，有的全关，有的半开半关，相应的喷嘴组所处的状态也常发生变化，通过的蒸汽流量也就不相同。准确获得通过每一喷嘴组的蒸汽流量，是进行流量特性试验的关键所在，这也同样会涉及对调节级状态的判断与临界压比的计算。

（一）调节级临界压比分析

关于调节级临界压比，有文献以 N50-90/535 型汽轮机为例，对调节级与末级临界压比进行近似计算，得到了两者的具体数值；有文献通过计算指出，汽轮机末级的临界压比随流量的增加略有增大，但变化不大；有文献在对汽轮机单级详细计算的基础上得出级前参数的变化对级的临界压比的影响很小、机组运行方式的改变对其影响也很小的结论；有文献通过严格的推导，从理论上证明汽轮机级的临界压力与级的临界流量及级前滞止初温的平方根成正比，级的临界压比是只与级的结构尺寸及汽轮机转数有关的不变量，对于定速汽轮机，级的临界压比只与级的结构尺寸有关，这一结论同样适用于级组。

汽轮机的调节级与中间级最大的不同在于在变工况过程中，调节级的通流面积会发生变化，而中间级不会；值得注意的是，调节级通流面积的变化不是连续的，而是随着调节汽阀开启的个数不同呈现阶跃式的变化。如果将变工况过程中始终处于全开状态的调节汽阀后的调节级喷嘴组为研究对象，级的临界压比是只与级的结构尺寸有关，即对于确定的汽轮机来说，级的临界压比是一常数这一结论同样适用于调节级。

(二) 调节级临界压比计算方法

1. 级的变工况计算公式改进

汽轮机的级处于临界工况时，级的流量与滞止初压或初压成正比，与滞止初温或初温的平方根成反比；级处于亚临界工况时，在认可渐缩喷嘴的背压与流量呈椭圆关系的基础上、忽略蒸汽比容与反动度的影响，得到

$$\frac{G_1}{G} = \sqrt{\frac{(p_{01}^2 - p_{21}^2) - (p_{01} - p_{21})^2 \varepsilon_{nc}/(1-\varepsilon_{nc})}{(p_0^2 - p_2^2) - (p_0 - p_2)^2 \varepsilon_{nc}/(1-\varepsilon_{nc})}} \sqrt{\frac{T_0}{T_{01}}} \qquad (4\text{-}4)$$

式 (4-4) 中：G 表示流量；p_0 表示级前压力；p_2 表示级后压力；T_0 表示级前温度；ε_{nc} 表示级的临界压比，右下角多加一角标"1"均表示变工况参数，下同。

有文献在承认级组流量与级组前后压力的关系可用椭圆公式表达后，也得出了与式 (4-4) 完全相同的表达式，并通过实例计算表明，式 (4-4) 用于只有一个级构成的级组的变工况计算时，其误差也仅有 0.7%，精度很高。级的压比 $\varepsilon_n = p_2/p_1$，对式 (4-4) 稍做变形可得

$$\frac{G_1}{G} = \frac{p_{01}}{p_0} \sqrt{\frac{T_0}{T_{01}}} \sqrt{\frac{(1-\varepsilon_{n1}^2) - (1-\varepsilon_{n1})^2 \varepsilon_{nc}/(1-\varepsilon_{nc})}{(1-\varepsilon_n^2) - (1-\varepsilon_n)^2 \varepsilon_{nc}/(1-\varepsilon_{nc})}} \qquad (4\text{-}5)$$

重新整理，可得

$$\frac{G_1}{G} = \frac{p_{01}}{p_0} \sqrt{\frac{T_0}{T_{01}}} \sqrt{1 - \left(\frac{\varepsilon_{n1} - \varepsilon_{nc}}{1-\varepsilon_{nc}}\right)^2} \bigg/ \sqrt{1 - \left(\frac{\varepsilon_n - \varepsilon_{nc}}{1-\varepsilon_{nc}}\right)^2} \qquad (4\text{-}6)$$

很显然，如果知道变工况前后通过级的蒸汽流量以及级前后压力与温度，由式 (4-6) 即可以计算得到级的临界压比。

如果已知变工况前级处于临界工况，即 $\varepsilon_n = \varepsilon_{nc}$，变工况后级处于亚临界工况，则由式 (4-6) 可得

$$\frac{G_1}{G} = \frac{p_{01}}{p_0} \sqrt{\frac{T_0}{T_{01}}} \sqrt{1 - \left(\frac{\varepsilon_{n1} - \varepsilon_{nc}}{1-\varepsilon_{nc}}\right)^2} \qquad (4\text{-}7)$$

如令 $A = \sqrt{1 - \frac{G_1^2}{G^2} \frac{p_0^2}{p_{01}^2} \frac{T_{01}}{T_0}}$，则 $\frac{\varepsilon_{n1} - \varepsilon_{nc}}{1-\varepsilon_{nc}} = A$，从而得

$$\varepsilon_{nc} = \frac{\varepsilon_{n1} - A}{1 - A} \tag{4-8}$$

由式（4-8）可更方便地计算级的临界压比。

2. 蒸汽流量的计算方法

通过汽轮机的蒸汽流量计算可按前述式（4-3）进行。

3. 调节级蒸汽流量变工况的计算模型

大型汽轮机一般有 4 只或 6 只调节汽阀来完成对汽轮机的喷嘴配汽调节，如前所述，将变工况过程中始终处于全开状态的调节汽阀后的调节级喷嘴组作为研究对象，来计算其临界压比。

记汽轮机调节汽阀个数为 N，每个调节汽阀对应的喷嘴组通流面积为 S_i，$i=1\sim N$，喷嘴组总通流面积 $S = \sum\limits_{i=1}^{N} S_i$。为了方便计算，不考虑调节汽阀的相对位置等因素对流量分配的影响，假定在所有调节汽阀均全开时，通过每个喷嘴组的蒸汽流量仅按喷嘴组的通流面积进行分配，则在所有调节汽阀全开状态下，通过调节级的蒸汽流量为 G，通过研究对象（假定为第 m 个喷嘴组）的蒸汽流量 G_m 为

$$G_m = G \cdot S_m / S \tag{4-9}$$

同样，当有 1 个调节汽阀全关、总计 $N-1$ 个调节汽阀全开时，通过调节级的总蒸汽流量为 G_1，通过研究对象的蒸汽流量 G_{m1} 为

$$G_{m1} = G_1 \cdot S_m / \sum\limits_{i=2}^{N} S_i \tag{4-10}$$

依此类推，如果试验条件允许，可一直计算到仅有第 m 个调节汽阀全开而其他调节汽阀全关的工况。

4. 调节级临界压比最终计算

选取上述过程的任意两个工况，一个作为基准工况，一个作为变化后工况，结合式（4-3），类比式（4-9）或式（4-10），即可计算出工况变化前后，通过第 m 个喷嘴组以相对值表示的蒸汽流量。结合这两个工况下汽轮机调节级前的压力与温度，结合式（4-5）或式（4-7）即可计算出第 m 个喷嘴组的临界压比。当该调节级每个喷嘴与动叶结构参数均相同时，这个

结果即为调节级的临界压比。

需要特别说明的是，应避免选取两个均处于临界状态的工况来计算临界压比，否则无法得到正确的结果；如果已明确知道某一工况为临界工况，将其作为基准工况，再选取与之相比参数变化较大的工况作为变化后工况，调节级的临界压比可以直接用式（4-7）计算得到，过程更为简单。

（三）原始数据测量

上述调节级临界压比计算过程所需要的数据均需要通过现场试验测得，为了提高试验的精度，现场试验条件要求如下：机组协调运行方式撤出，一次调频方式撤出，汽轮机处于顺序阀方式运行，各调节汽阀之间重叠度去除，汽轮机各级抽汽正常投入，凝汽器真空维持在额定值。具体试验方法如下：

（1）机组在额定负荷下，通过改变主蒸汽压力，使汽轮机各调节汽阀达到全开状态，记录此时的主蒸汽压力，并在以后的试验过程中维持该压力不变，整个试验过程中主蒸汽温度均维持在额定值。

（2）按既定顺序逐一关闭汽轮机调节汽阀，每关闭一个调节汽阀后均调整主蒸汽参数达到要求值，并稳定运行 15min 以后，记录相关数据。

（3）如果机组运行条件允许，尽可能多的关闭调节汽阀，以获得更多的符合计算条件的工况，各工况组合之间的计算结果相互比较，可提高计算结果的可信度与准确性。

（四）调节级临界压比计算应用实例

1. 实例 1

某汽轮机为上海汽轮机厂生产的 300MW、亚临界、中间再热、高中压合缸、双缸双排汽、单轴、凝汽式汽轮机，型号为 N300-17/537/537，调节级曾进行过设备改型；该汽轮机共有 6 只调节汽阀，采用喷嘴配汽，每只调节汽阀所对应的喷嘴数均相同。以 2 个调节汽阀全开工况为基准工况，其他为变化后工况，取汽阀全开时主汽阀与调节汽阀总压损为 3%，原始测量数据与调节级临界压比计算结果如表 4-1 所示。

表 4-1　　　　　　　N300-17/537/537 型汽轮机调节级临界压比计算

项目	单位	全开调节汽阀个数				
		6 个	5 个	4 个	3 个	2 个
负荷	MW	299.2	275.1	247.9	199.6	140.3
主蒸汽压力	MPa	15.29	15.40	15.19	15.02	15.16
调节级压力	MPa	12.43	11.68	10.20	7.85	5.37
调节汽门后压力	MPa	14.83	14.94	14.73	14.57	14.70
主蒸汽温度	℃	525.2	534.0	540.8	539.4	539.9
调节级温度	℃	493.7	493.3	486.2	460.8	434.2
调节级压比	—	0.838	0.782	0.693	0.539	0.366
修正后流量	%	100.0	93.7	81.7	63.6	43.9
单个阀流量	%	16.67	18.74	20.43	21.19	21.97
临界压比	—	0.508	0.514	0.512	0.401	—

从表 4-1 的结果可以看出，6 阀全开、5 阀全开与 4 阀全开工况分别与 2 阀全开工况组合计算得到的调节级临界压比均在 0.51 附近，结果合理可信；但三者均和 3 阀全开工况与 2 阀全开工况组合计算得到的结果 0.401 相差较远。分析认为，造成这种现象的原因是由于 2 阀全开工况调节级压比为 0.366，远低于临界压比，说明此时调节级已经处于临界状态，而 3 阀全开工况调节级压比为 0.539，与临界压比较为接近，说明此时调节级也接近临界状态，此时使用这两个工况来计算调节级临界压比会产生较大误差，因此计算结果是不可取的。

2. 实例 2

某汽轮机为上海汽轮机厂生产的 600MW、超临界、中间再热、高中压合缸、三缸四排汽、单轴、凝汽式汽轮机，型号为 N600—24.2/566/566；该汽轮机共有 4 只调节汽阀，采用喷嘴配汽，调节汽阀 GV1、GV2、GV3、GV4 对应的调节级喷嘴组的数量分别是 27、26、26、27 个。结合试验，以调节汽阀 GV1、GV4 全开工况为基准工况，其他为变化后工况，取汽阀全开时主汽阀与调节汽阀总压损为 2%，原始测量数据与调节级临界压比计算结果如表 4-2 所示。

表 4-2   N600-24.2/566/566 型汽轮机调节级临界压比计算

项目	单位	全开状态的调节汽阀		
		GV1/GV2/GV3/GV4	GV1/GV2/GV4	GV1/GV4
负荷	MW	544.30	489.83	375.30
主蒸汽压力	MPa	19.88	19.91	19.95
调节级压力	MPa	16.02	14.12	10.27
调节汽阀后压力	MPa	19.48	19.51	19.55
主蒸汽温度	℃	568.85	562.70	565.50
调节级温度	℃	540.37	522.46	479.91
调节级压比		0.823	0.724	0.525
修正后流量		100.00	88.93	66.11
GV1/GV4 流量		50.94	60.03	66.11
临界压比		0.519	0.523	—

表 4-2 计算结果表明，该型号汽轮机调节级临界压比在 0.52 附近。在试验参数下，2 个调节汽阀全开、其他调节汽阀全关的工况，汽轮机调节级的压比已基本达到临界压比，此时的调节级状态基本处于临界状态，由此可以认为，此时通过调节级的蒸汽流量已达到该主蒸汽参数下的最大值。这一结论对于该类型的汽轮机流量特性的计算有十分重要的意义。

有分析表明，级组临界压比的误差为 ±0.05 时，对计算流量引起的误差一般只有 ±1%。从上述两个实例计算结果看，使用不同的工况组合计算调节级的临界压比，结果具有一致性，相互偏差也基本在 ±0.05 范围内，说明该方法切实可行，计算结果具有一定的精度。

汽轮机调节级临界压比的确定对判断调节级的工作状态和进行变工况分析计算有十分重要的意义。对于某一确定的汽轮机来说。调节级的临界压比是一个常数，它可以结合现场试验、使用改进后的级的变工况计算公式，并通过该调节级临界压比的计算方法最终确定。在对计算精度要求不十分严格的情况下，例如确定汽轮机的流量特性以便进行有效控制时，本方法提供了一个有效的获得汽轮机调节级临界压比的途径，且结果可信。

三、通过试验计算汽轮机流量特性

如前所述，汽轮机流量特性是指汽轮机调节汽阀组的综合升程与通过其蒸汽流量之间的关系，准确掌握汽轮机流量特性是实现精确控制的前提。在现代大型汽轮机控制系统中，汽轮机的阀门管理是通过一组配汽函数来实现的，配汽函数要与汽轮机流量特性相匹配。进行汽轮机流量特性试验的目的就是整定其配汽函数，提高汽轮机的控制性能。由前述内容可知，汽轮机配汽函数有直接和间接两种形式，两种形式下汽轮机流量特性试验的方式也有所不同。

（一）直接形式配汽函数下汽轮机流量特性试验与计算

1. 调节汽阀综合开度计算

常规认为，汽轮机控制系统中配汽函数的作用是将汽轮机接收到的蒸汽流量指令依据函数设置要求分配到各个调节汽阀，常见的有两种实现途径：①不经过任何中间环节，直接将流量指令分配到每个调节汽阀；②通过背压修正、阀序设定、重叠度修正等若干中间函数，间接地将流量指令分配到每个调节汽阀。由此可见，无论是哪种方式，归根要底是要取得流量指令与调节汽阀开度的关系。

一般认为通过汽轮机的蒸汽流量 G 与主蒸汽压力 p_1 成正比，与调节汽阀组开度 ψ 成正比，即

$$\frac{G}{G_0} = \frac{p_1}{p_{10}} \cdot \frac{\psi}{\psi_0} \tag{4-11}$$

变形得到

$$\frac{\psi}{\psi_0} = \frac{G}{G_0} \cdot \frac{p_{10}}{p_1} \tag{4-12}$$

如果将式（4-12）的左侧理解为调节汽阀综合开度，则式（4-12）表示主蒸汽流量经过主蒸汽压力修正后的标幺值即为调节汽阀综合开度。从本质上看，配汽函数的作用就是将调节汽阀综合开度按设定一一分配到每一个调节汽阀。

由式（4-12）与式（4-2）或式（4-3）可得

$$\frac{\psi}{\psi_0} = \frac{p_e}{p_{e0}} \cdot \sqrt{\frac{T_{e0}}{T_e}} \cdot \frac{p_{10}}{p_1} \tag{4-13}$$

或

$$\frac{\psi}{\psi_0} = \sqrt{\frac{p_e}{p_{e0}} \cdot \frac{v_{e0}}{v_e}} \cdot \frac{p_{10}}{p_1} \qquad (4\text{-}14)$$

式（4-13）、式（4-14）即为调节汽阀综合开度计算式，汽轮机流量特性试验就是要确定调节汽阀综合开度与每一只调节汽阀开度之间的关系。当主蒸汽压力不变时，它反映的就是主蒸汽流量与调节汽阀开度的关系。

2. 直接形式配汽函数下汽轮机流量特性试验过程

需要指出的是，汽轮机流量特性试验测取的不是其调节汽阀的流量特性，而是由调节汽阀与相应调节级构成的配汽机构整体的流量特性。

直接形式配汽函数下的汽轮机流量特性试验步骤大致如下：

（1）机组协调撤出，一次调频回路撤出，汽轮机遥控撤出，汽轮机处于顺序阀方式，去除各调节汽阀之间的重叠度。

（2）额定负荷、额定主蒸汽温度下，所有调节汽阀全开，记录此时的主蒸汽压力 p_{10}，以后的试验过程中保持 p_{10} 不变。

（3）缓慢降低汽轮机总流量指令，直到最后两只调节汽阀开度在 30% 左右。

（4）切换到单阀方式运行，缓慢增加汽轮机总流量指令，直到最后所有调节汽阀开度全开。

上述试验过程中，记录的主要参数有负荷、主蒸汽参数、调节级参数、各调节汽阀开度、汽轮机背压等。针对不同型式的汽轮机，上述试验过程具体细节可进行适当的调整。

3. 直接形式配汽函数下汽轮机流量特性的计算

上述试验过程结束后，由式（4-13）或式（4-14）计算得到调节汽阀综合开度。以调节汽阀综合开度为横坐标，以各调节汽阀开度为纵坐标，即可绘制出反映实际流量特性的配汽曲线，调整重叠度后，即可直接得到配汽函数。

（二）间接形式配汽函数下汽轮机流量特性试验与计算

1. 汽轮机流量特性计算模型

大型汽轮机一般采用多个调节汽阀进行流量控制，就每只调节汽阀而言，其自身具有确定的流量特性，该特性反映了通过调节汽阀的蒸汽流量与其升程、前后压比的关系。但这一关系并不能简单地等同于汽轮机的流量特性，因为对于汽轮机来说，其流量调节是由调节汽阀与其后的喷嘴组共同完成的，通过调节汽阀的流量实际上由调节汽阀与喷嘴组的结构参数及运行参数共同决定。因此，可根据调节汽阀与喷嘴组串联这一特点，将调节汽阀也当作一级喷嘴，这样调节汽阀喷嘴组就变成由两级喷嘴组成的级组，通过级组的蒸汽流量为

$$G = \varphi \cdot G_c \tag{4-15}$$

式中：G 为通过调节汽阀喷嘴组的实际流量，角标 "c" 表示临界状态下参数，下同；φ 为级组的流量系数，它是级组压比 ε_n 的函数，即

$$\varphi = \sqrt{1 - \left(\frac{\varepsilon_n - \varepsilon_{nc}}{1 - \varepsilon_{nc}}\right)^2} \tag{4-16}$$

调节汽阀喷嘴组临界流量 G_c 仅与调节汽阀的升程有关，即

$$G_c = f(L/D) \tag{4-17}$$

式中：L/D 表示调节汽阀有效开度与喉部直径之比，用来表征调节汽阀开启的程度，在实际应用时常以百分比的形式表示。

通过调节汽阀喷嘴组合的实际流量 G 可用式（4-2）或式（4-3）计算。

对于一定的汽轮机来说，φ 与 G_c 可通过理论计算得到，一般都由设备厂方提供。但正如前所述，由于设备改造或运行老化等原因，厂方提供的参数与曲线常会与现场设备实际情况严重不符，经常无法使用。

2. 调节汽阀喷嘴组临界压比的讨论

式（4-16）中使用了调节汽阀喷嘴组的临界压比，并将其作为常数使用，其合理性有必要讨论。

本节之前的内容讨论了调节级临界压比的计算，并得出调节级的临界压比是一常数这一结论。但需要注意的是，对于由调节汽阀与调节级喷嘴组成的级组，调节汽阀的开度是变化的，这相当于改变了级组的结构尺寸，该级组的临界压比是否为常数，目前很难得出定论。因此直接使用式（4-16）计算不同开度下的调节汽阀喷嘴组的流量系数，其合理性很值得商榷。

3. 调节汽阀喷嘴组临界流量的计算

无论是在单阀方式还是在顺序阀方式，如果不考虑运行经济性的影响，在同一流量指令下，通过汽轮机的蒸汽流量理论上是相同的，这样可以确保在两种配汽方式下，汽轮机具有完全相同的控制性能。如果将顺序阀方式下的顺序开启的几只调节汽阀等效地看作一只调节汽阀，那么式（4-15）～式（4-17）同样可以应用于该等效调节汽阀喷嘴组，由该等效调节汽阀喷嘴组得出的临界流量与单阀方式下的临界流量具有一致性。

由前述可知，调节汽阀全开时，调节汽阀喷嘴组的临界压比为一常数，由此可以计算出顺序阀方式下各阀点处的临界流量。众多试验结果表明，汽轮机单阀方式运行时，当调节汽阀开度较小时（一般小于 20%），调节汽阀基本处于临界状态，即此时通过各调节汽阀喷嘴组的流量等于临界流量，由此也得到了调节汽阀喷嘴组在调节汽阀小开度时的临界流量，与阀点处的临界流量组合，便可得到众多调节汽阀开度下的临界流量。如对于 4 个调节汽阀的汽轮机来说，至少可以得到 5 种调节汽阀开度下的临界流量，即两阀点、两阀点加一阀小开度、三阀点、三阀点加一阀小开度、四阀点。图 4-3 是按该方法计算得到的顺序阀方式下等效调节汽阀喷嘴组的实际流量与临界流量关系曲线，并与使用式（4-15）、式（4-16）计算的单阀方式下调节汽阀喷嘴组的实际流量与临界流量关系曲线进行对比。顺序阀方式下计算时，取调节汽阀全开时的调节汽阀喷嘴组临界压比为 0.5；

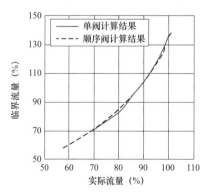

图 4-3　使用不同方法计算的实际流量与临界流量关系曲线

单阀方式下计算时，同样取调节汽阀喷嘴组临界压比为常数 0.5，并没有考虑调节汽阀开度变化对调节汽阀喷嘴组临界压比的影响。

值得注意的是，图 4-3 表明顺序阀方式下的计算结果与单阀方式下的计算结果具有一致性，这不仅仅是一个个例，众多的试验与计算结果均支持这一结论。

这一结果说明，虽然将调节汽阀喷嘴组临界压比看作一个常数在理论上需要研究，但由此计算出的结果却具有合理性。由于顺序阀方式下等效调节汽阀喷嘴组临界流量的计算较为烦琐，得到的数据点也较少，而单阀方式下的计算只需要知道调节汽阀喷嘴组的压比即可，相对较为方便，得到的数据点也很丰富，因此，工程应用中可以使用式（4-15）与式（4-16）来计算调节汽阀喷嘴组的临界流量，并由此得到不同调节汽阀开度时调节汽阀喷嘴组的流量系数。

4. 间接形式配汽函数下汽轮机流量特性试验方法

间接形式配汽函数下汽轮机的流量特性试验步骤大致如下：

（1）机组协调撤出，一次调频回路投出，汽轮机遥控撤出，汽轮机处于单阀方式。

（2）额定负荷、额定主蒸汽温度下，所有调节汽阀全开，记录此时的主蒸汽压力，并在以后的试验过程中保持不变。

（3）缓慢降低汽轮机总指令，直到最后调节汽阀开度在20%以下。

（4）去除各调节汽阀之间的重叠度，切换到顺序阀方式运行，缓慢增加汽轮机总指令，各调节汽阀依次开启，在各阀点处要保持参数稳定15min以上，直到最后所有调节汽阀全开为止。

上述试验过程中，记录的主要参数有负荷、主蒸汽参数、调节级参数、各调节汽阀开度、汽轮机背压等。

5. 间接形式配汽函数下汽轮机流量特性的计算方法

上述试验过程结束后，结合单阀方式下的试验数据，可由式（4-2）或式（4-3）计算得到通过调节汽阀喷嘴组的实际流量，即使用相对值表示的 G。以实际流量 G 为横坐标，以调节汽阀开度为纵坐标，可绘制出实际流量 G 与调节汽阀开度的对应关系曲线，这一关系曲线为单阀方式下的汽轮机流量特性。

在单阀方式下，对应调节汽阀的每一个开度，均可以计算出调节汽阀喷嘴组的实际压比 ε_n，而调节汽阀喷嘴组的临界压比 ε_{nc} 可以通过前文所述方法通过试验的方式求得，这样由式（4-16）即可以计算出调节汽阀的每一个开度下的流量系数 φ，由式（4-15）即可得到调节汽阀的每一个开度下实际流量 G 与临界流量 G_c 的关系，再结合前面得到的实际流量 G 与调节汽阀开度的对应关系曲线，即可以得到临界流量 G_c 与调节汽阀开度的对应关系曲线，即式（4-17）。

顺序阀方式下，无重叠度时，一般仅有一个调节汽阀处于半开状态，其他调节汽阀非全开即全关。采用以下计算过程即可得到顺序阀方式下的汽轮机流量特性：

（1）根据当前状态下各调节汽阀开度，计算得到此时每一个调节汽阀喷嘴组的 G_c。

（2）由试验结果得到 ε_n 与 ε_{nc}，计算得到每一个调节汽阀喷嘴组的 φ；

（3）由式（4-15）得到通过每一个调节汽阀喷嘴组的实际流量；当前状态下所有调节汽阀喷嘴组的实际流量之和即为通过汽轮机的实际流量 G。

（4）根据上述计算结果，可绘制顺序阀方式下不同调节汽阀开度与实际流量的关系曲线。

实际应用时，进行流量特性试验的目的更多的是为了整定配汽函数，即将实际流量合理地分配到每一个调节汽阀，这一过程实际上是汽轮机流量特性计算的逆过程。对于顺序阀方式，可采用以下方法：

（1）由实际流量—临界流量关系曲线，将实际流量指令转化为总临界流量。

（2）根据调节汽阀开度—临界流量关系曲线，得到全开状态下调节汽阀的临界流量，总临界流量与之相减，得到部分开启调节汽阀的临界流量。

（3）再根据调节汽阀开度—临界流量关系曲线，可得到部分开启调节汽阀的开度。这样就完成了蒸汽流量在各调节汽阀中的分配。

准确把握汽轮机流量特性是实现其精确控制的基础，汽轮机流量特性可以通过试验获得，所选取的试验方法要与汽轮机控制系统中配汽函数形成机制相适应，要能通过试验准确地确定各中间过程函数，才能最终形成准确反映汽轮机流量特性的配汽曲线。汽轮机流量特性试验方法有多种，上述方法是以调节汽阀与相应调节级喷嘴组构成的调节汽阀喷嘴组为研究对象来进行，通过理论分析并结合现场试验，给出了调节汽阀喷嘴组的流量系数、临界流量等关键参数的计算方法，并得到了实际流量与临界流量关系曲线、调节汽阀开度与临界流量关系曲线，最终计算得到的汽轮机流量特性与实测数据基本吻合，说明本方法正确性较高。

第三节　顺序阀方式下重叠度的设定

汽轮机采用顺序阀配汽方式时，多个调节汽阀是依次开启的，如果后阀在前阀全部开启后才接着开启，那么根据单个调节汽阀的特性可以推断出多个调节汽阀的开度与流量的关系，形成流量指令与蒸汽流量的关系曲线，如图 4-4 所示实线呈波形曲线，这种方式下汽轮机控制系统极可能会出现不稳定。

若阀门重叠度选用得当，则多个阀门的特性曲线可以近似于一条直线。调节汽阀的重叠度选择不当，将造成静态特性曲线局部不合理：如重叠度过小，使配汽机构特性曲线过于曲折而不是光滑和连续的，造成调节系统调整负荷时，负荷变化不均匀，使油动机升程变大，调速系统速度变动率增加，将

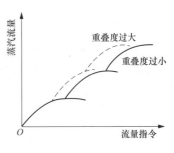

图 4-4　重叠度对蒸汽流量的影响

引起过分的动态超速；如重叠度过大，不但会使节流损失增加，而且会使局部速度变动率变小，使静态特性曲线斜率变小，或出现平段，这是不允许的。因此，合理确定调节汽阀之间的重叠度十分重要。

为了使流量指令与蒸汽流量关系曲线比较平滑，一般在前阀尚未开完，其阀门压力重叠度（后阀开启时刻，前阀后压力与前阀后最高压力之比）为 0.85～0.9 时便提前开启后阀。部分机组调节汽阀后无压力测点，无法直接测量顺序阀方式下的各调节汽阀后压力，根据阀后压力设定其重叠度就十分困难，此时可结合理论计算来求取调节汽阀后压力。

一、通过各调节汽阀蒸汽流量的计算

由式（4-5）可知，如果知道级的临界压比，在已确定标准工况的情况下就可以确定变工况时通过级的蒸汽流量，同时式（4-5）用于只有一个级构成的级组时，误差也很少。级的临界压比可以通过设计数据或按上述方法通过试验的方式获得。

大型汽轮机多数采用喷嘴配汽，每个调节汽阀对应一个调节级喷嘴组，通过调节汽阀与相应调节级喷嘴组的蒸汽流量相同，因此，可通过计算调节级喷嘴组的蒸汽流量得到调节汽阀的蒸汽流量。

通过调节级的总蒸汽流量 G_a 由两部分组成，一是通过全开调节汽阀的蒸汽流量 G_b，二是通过半开状态调节汽阀的蒸汽流量 G_c，即

$$G_a = G_b + G_c \qquad (4\text{-}18)$$

如前所述，G_c 的变化会对 G_b 产生影响。将处于全开状态的调节汽阀后的调节级作为研究对象，在半开状态调节汽阀开度改变时，式（4-18）可用于计算通过全开状态的调节汽阀后调节级的蒸汽流量变化。

因此，通过调节级各喷嘴组的蒸汽流量可采用以下步骤计算：

（1）由式（4-2）或式（4-3）计算得到 G_a。

（2）由式（4-5）计算得到 G_b。

（3）由式（4-18）计算得到 G_c。

（4）按通过流量与喷嘴组的通流面积成正比将 G_b 分配到各全开调节汽阀。

下面以本章"调节级临界压比计算应用实例"一节中的实例 1 的汽轮机为例说明本方法的应用。经前述计算，确定调节级的临界压比为 0.512。顺序阀方式运行时，各调节汽阀的开度与流量指令的关系如图 4-5 所示。

试验确认，该汽轮机额定负荷、各调节汽阀全开时主蒸汽压力为 15.2MPa，主蒸汽温度为 536℃，调节级压力为 12.2MPa，调节级温度为 486℃，以此工况为标准工况，主蒸汽流量记为 100%。通过上述方法计算可得顺序阀方式运行时，不同调节汽阀开度下通过各调节汽阀的蒸汽流量，如图 4-6 所示。

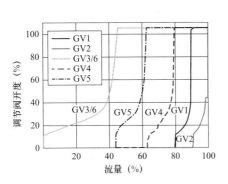

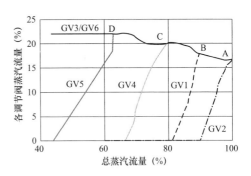

图 4-5 顺序阀方式下调节汽阀开度　　图 4-6 顺序阀方式下调节汽阀蒸汽流量变化

在顺序阀方式下，调节汽阀 GV2 首先从全开状态逐渐关小，通过它的蒸汽流量沿图 4-6 中 GV2 线变小，通过其他 5 只全开状态调节汽阀的蒸汽流量沿 AB 线逐渐增加，到 B 点时，GV2 全关，GV1 开始关小，通过它的蒸汽流量沿图 4-6 中 GV1 线变小，通过其他 4 只全开状态调节汽阀的蒸汽流量沿 BC 线逐渐增加，到 C 点时 GV1 全关，GV4 开始关小，以下过程与上述类似。在 GV5 关小过程中，GV3、GV6 已达到临界状态，主蒸汽压力不变时，通过它们的蒸汽流量也就不再发生变化，表现在图 4-6 中，就是一段直线。

二、各调节汽阀后蒸汽压力的计算

由本节前述方法求得顺序阀方式下通过半开状态调节汽阀的蒸汽流量 G_c，以该阀全开状态下的参数为变工况前参数，包括蒸汽流量 G、喷嘴组前压力 p_0、喷嘴组前温度 T_0、调节级后压力 p_2，并根据试验结果，得到变工况后蒸汽流量 G_1、喷嘴组前温度 T_{01}、调节级后压力 p_{21}，在确定调节级临界压比 ε_{nc} 后，由式（4-4）可求得喷嘴组前压力 p_{01}，此压力即是半开状态调节汽阀后的蒸汽压力。

三、各调节汽阀重叠度的设定

在得到半开状态调节汽阀后的蒸汽压力后，按上述阀门压力重叠度为 0.85～0.9 时便提前开启后阀的一般规律，设置顺序阀方式下各调节汽阀的重叠度，即可得到流量指令与蒸汽流量比较平滑的关系曲线。

对于使用图 2-6 直接分配方式形成各调节汽阀开度指令的控制系统，重叠度的设置直接通过顺序阀方式配汽函数 $f_i(x)$ 进行；对于使用图 2-7 间接分配方式形成各调节汽阀开度指令的控制系统，重叠度的设置通过修正函数 $f_3(x)$ 进行。

第四节　汽轮机流量特性测试与计算应用实例

一、某超临界 600MW 汽轮机流量特性现场测试

选取一台 600MW 超临界汽轮机为例进行本章第二节中所述流量特性试验测试方法的应用。该汽轮机型号为 N600-24.2/566/566，是由上海汽轮机有限公司生产制造的 600MW、超临界、一次中间再热式、高中压合缸、三缸四排汽、单轴、反动凝汽式汽轮机。该汽轮机调节汽阀开度指令生成方式为直接方式。为了获得准确的流量特性，并重新整定配汽曲线，特对该机组进行流量特性试验。

按前述方法对该机组进行流量特性试验。根据试验数据，分别对原设置下的流量特性进行检查，并重新进行修正，结果如图 4-7 所示。可见，按原配汽曲线运行，流量指令与实际负荷存在较大偏差，线性较差，单阀与顺序阀两种方式之间偏差也较大。对根据实际试验结果进行修正后，流量指令与实际负荷线性较好。

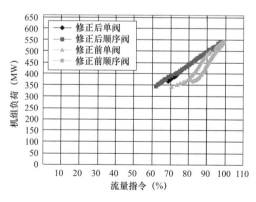

图 4-7　修正前后功率与流量指令对应曲线

图 4-8 是原配汽特性曲线与实际试验结果的对比图。从该曲线可以看出，无论是单阀还是顺序阀方式，原配汽曲线设置与该机组实际流量特性均存在较大的偏差，这会影响机组的控制特性，因此需要根据实际流量特性重新计算新的配汽曲线。

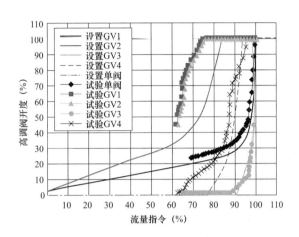

图 4-8　原配汽特性曲线与实际试验结果对比

根据试验数据，采用本章第二节中所述方法对该汽轮机流量特性进行计算，得到符合机组目前实际流量特性的配汽曲线，如图 4-9 所示。新的配汽函数如表 4-3、表 4-4 所示。

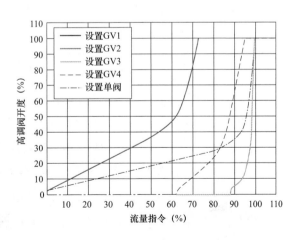

图 4-9　汽轮机新的配汽特性曲线

表 4-3   新的顺序阀配汽特性函数的设置

$F_1(X)$		$F_2(X)$		$F_1(X)$		$F_2(X)$	
X	Y	X	Y	X	Y	X	Y
GV1				GV2			
0.00	0.00	59.00	0.00	0.00	0.00	59.00	0.00
0.05	2.78	63.00	7.00	0.05	2.78	63.00	7.00
40.00	29.00	67.00	20.50	40.00	29.00	67.00	20.50
50.00	36.50	71.00	43.00	50.00	36.50	71.00	43.00
55.00	41.00	73.00	55.00	55.00	41.00	73.00	55.00
59.00	45.00	120.00	55.00	59.00	45.00	120.00	55.00
GV3				GV4			
0.00	0.00	95.00	0.00	0.00	0.00	85.00	0.00
88.00	0.00	97.00	10.00	62.00	0.00	88.00	16.00
88.50	2.78	98.00	20.00	62.50	2.78	90.00	28.00
90.00	5.00	99.00	58.00	70.00	11.00	92.00	42.00
92.00	7.00	99.70	88.00	80.00	23.00	95.00	67.00
95.00	12.00	120.00	88.00	85.00	33.00	120.00	67.00

表 4-4   新的单阀配汽特性函数的设置

$F_1(X)$		$F_2(X)$	
X	Y	X	Y
GV1/GV2/GV3/GV4			
0.00	0.00	90.00	0.00
0.05	2.78	92.00	2.50
60.00	21.00	94.00	6.00
80.00	27.80	96.00	12.00
85.00	30.50	97.00	18.00
90.00	35.00	100.00	65.00

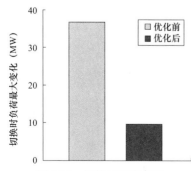

图 4-10 切换过程中负荷
变化最大值对比

在将 DEH 系统中配汽函数数据按表 4-3、表 4-4 修改后，在 450MW 负荷附近进行了配汽方式切换试验。图 4-10 是配汽函数修改前后 450MW 负荷下，配汽方式切换过程中负荷变化最大值的对比，可以看出在对配汽函数优化后，配汽方式切换时负荷变化幅度明显降低，机组稳定性增加。

二、通过试验计算 600MW 汽轮机流量特性

本实例说明本章第二节中所述流量特性试验与计算方法的应用。选取一台上海汽轮机厂生产的 600MW 亚临界汽轮机（N600-16.7/538/538）按上述方法进行试验，该汽轮机共有 4 只完全相同的调节汽阀，每只调节汽阀后对应的喷嘴组也完全相同。根据单阀方式下的试验结果，可绘制单阀方式时实际流量与调节汽阀开度的关系曲线，如图 4-11 所示。

通过试验，计算得到调节汽阀全开时调节汽阀喷嘴组临界压比 $\varepsilon_{nc}=0.5$，从而得到图 4-12 所示的调节汽阀每一个开度与其流量系数关系曲线和图 4-13 所示的调节汽阀每一个开度下实际流量与临界流量关系曲线。

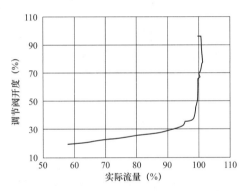

图 4-11　单阀方式下流量与开度的关系曲线　　图 4-12　调节汽阀流量系数关系曲线

由图 4-13 很容易得到实际流量与临界流量的对应关系曲线，如图 4-14 所示。这个对应关系在调节汽阀开度指令以间接方式生成的控制系统中是十分重要的中间过程函数，代表着图 2-7 中的修正函数 $f_1(x)$，用来修正汽轮机调节级后压力对通过其蒸汽流量影响。

由上述曲线关系，按前述汽轮机流量特性计算方法，计算可得该汽轮机顺序阀方式下的流量特性曲线，如图 4-15 中实线所示。图 4-15 同时给出了该汽轮机按前述方法实测的流量特性曲线（虚线），对比可见两种方法的结果基本吻合。

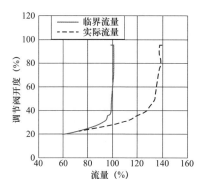

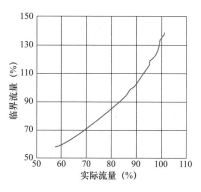

图 4-13　调节汽阀开度与临界流量曲线　　图 4-14　实际流量与临界流量曲线

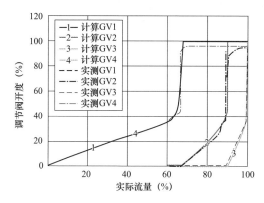

图 4-15　两种试验方法的计算对比结果

三、通过汽轮机流量特性试验解决机组参数大幅振荡问题

某 600MW 亚临界机组在运行中出现在两阀点附近调节汽阀开度大幅度晃动、负荷也晃动的现象，尤其是一次调频动作时，机组运行状态不稳定，负荷指令与反馈、调节汽阀开度、主蒸汽压力都出现较大幅度的振荡，严重威胁到机组的安全运行，必须予以消除。图 4-16 是该汽轮机在三阀点处负荷、高压调节汽阀开度、主汽压力等参数的运行曲线。

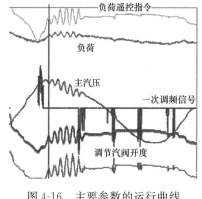

图 4-16　主要参数的运行曲线

该机组汽轮机为 600MW 亚临界、中间再热、单轴、凝汽式汽轮机，型号为 N600-16.7/538/538。汽轮机的原配汽曲线如图 4-17 所示，可以明显看出，原配汽曲线在两阀点与三阀点处均存在不平滑部分，高压调节汽阀 GV2 在小开度下还存在开度回调情况，这些缺陷的存在均会导致顺序阀方式下汽阀出现大幅度晃动现象，需要进行优化。

该汽轮机配汽函数构成关系如图 4-18 所示，调节汽阀开度指令生成方法属于间接方式。图 4-18 中的 X288 是实际流量—临界流量关系函数，X311KB/X351KB/X391KB/X431KB 是流量指令偏置因子，决定顺序阀阀序，X313/X353/X393/X433 是顺序阀重叠度修正函数，X314/X354/X394/X434 是单阀修正函数，X345/X385/X425/X465 是临界状态下的单个调节汽阀通过流量与开度的关系函数。

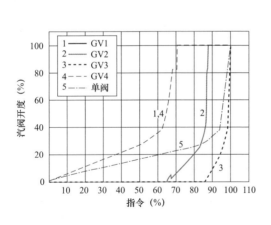

图 4-17 汽轮机的原配汽曲线

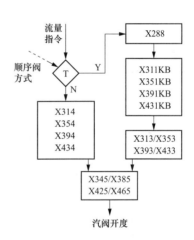

图 4-18 配汽函数的构成

对原配汽曲线下试验数据进行处理，按式（4-3）进行主蒸汽流量计算，形成流量指令与实际负荷的对应关系，如图 4-19 所示。可以看出，按原配汽函数运行，流量指令与实际负荷存在较大偏差，单阀与顺序阀两种方式之间偏差也较大。根据实际试验结果按进行修正后，流量指令与实际负荷偏差较小，线性良好。

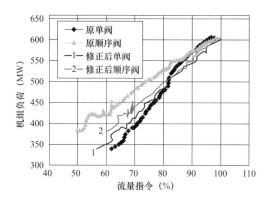

图 4-19　修正前后的负荷与指令关系

　　图 4-20 是原配汽曲线与实际试验结果的对比。可以看出，无论是单阀方式还是顺序阀方式，原配汽曲线与汽轮机实际流量特性曲线均存在一定的偏差，这会恶化机组的控制特性，需要根据实际流量特性重新计算机组的配汽函数，形成新的配汽曲线。

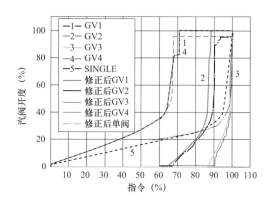

图 4-20　原配汽曲线与实际试验结果的对比

　　根据该机组的流量特性试验结果，按前述方法计算该汽轮机的流量特性，并形成配汽函数，结果如表 4-5 所示。对其进行仿真计算，得到该汽轮机新的配汽曲线，如图 4-21 所示。该配汽曲线根据试验结果合理设定了阀点处汽阀之间的重叠度，并充分考虑到一次调频等小扰动情况对正常运行的影响，兼顾安全性与控制性能，尽可能地减少了汽阀晃动。

表 4-5 　　　　　　　　　　　　　　 新 的 配 汽 函 数 表

X288		X314/X354 X394/X434		X345/X385 X425/X465	
X	Y	X	Y	X	Y
0	0	0	0	0	0
X	Y	X	Y	X	Y
67.59	67.59	67.59	50	0.74	2
81.3	85.8	81.3	63.48	39.21	19
84.61	92.6	84.61	68.51	62.2	25.7
89.6	101.4	89.6	75	77.43	30.5
95.71	118.1	95.71	87.37	90.66	41
97.48	124.2	97.48	91.88	95.17	50
100	135.2	100	100	100	100

X313		X353		X393		X433	
X	Y	X	Y	X	Y	X	Y
−600	0	−600	0	−600	0	−600	0
0	0	0	0	0	0	0	0
88.96	82.9	72	60	99.3	100	88.96	82.9
97.6	95	96	87	100	100	97.6	95
101.4	96.1	100.2	95.2	800	100	101.4	96.1
114.45	100	130	100	/	/	114.5	100
800	100	800	100	/	/	800	100

X311KB	X351KB	X391KB	X431KB
$K=1.4769$	$K=2.9538$	$K=2.9538$	$K=1.4769$
$B=0$	$B=-200$	$B=-300$	$B=0$

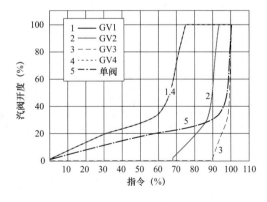

图 4-21　新配汽曲线

在图 4-21 所示的新配汽曲线投用后，对该机组进行了配汽方式切换试验与负荷变动试验。表 4-6 是在 400MW 负荷附近进行配汽方式切换时的过程数据，切换时间为 4min。

表 4-6 配汽方式切换过程数据

项目	负荷	GV1 开度	GV2 开度	GV3 开度	GV4 开度	主汽压力
单位	MW	%	%	%	%	MPa
顺序阀切换为单阀	400.9	64.8	2.9	2.4	64.5	14.8
	395.1	32.0	11.2	11.1	31.9	14.4
	400.0	28.9	16.8	16.3	29.0	14.2
	394.9	26.6	18.4	18.1	26.3	14.2
	393.7	23.5	22.1	21.7	22.9	14.1
单阀切换为顺序阀	397.1	23.3	22.4	22.2	23.5	13.9
	394.9	28.1	18.1	17.8	27.9	13.8
	394.4	33.5	12.4	12.2	33.2	13.8
	391.3	36.4	9.8	9.6	36.0	13.9
	385.9	62.0	3.3	2.1	62.1	14.0

从表 4-6 可看出，在 400MW 负荷点，顺序阀方式切换为单阀方式，最大负荷波动约为 7MW；单阀方式切换为顺序阀方式，最大负荷波动约为 11MW，负荷波动均较小；配汽方式切换过程中，机组稳定性好。其他负荷点的试验结果也有类似结果。另外，据长期观察，配汽函数优化后，原顺序阀方式下阀点处阀门晃动现象消失，负荷波动情况再没有出现，一次调频能力也得到有效保证，该机组运行安全性明显提高。

第五章

汽轮机配汽方式改造与优化

第一节　汽轮机顺序阀方式改造

汽轮发电机组功率一定时，汽轮机的配汽方式会显著影响到循环热效率和汽轮机高压缸效率。试验表明，汽轮机在"阀点"处运行，总是具有较高的经济性。随之而来的问题是多个高压调节汽阀构成的配汽机构存在多个"阀点"，如具有四个高压调节汽阀的汽轮机组，顺序阀运行时就有四阀点、三阀点和两阀点，机组功率改变时，更为经济的运行阀点常会发生变化。对于顺序阀配汽机组，此时改变主蒸汽压力就可以很容易地改变运行的阀点位置，以获得更好的经济性。但对于采用混合配汽方式的机组，就很难做到这一点。在混合配汽方式下，低负荷时各汽轮机调节汽阀同时参与调节，升到某一控制点时，部分调节汽阀关闭，在此控制点之上时，关闭的调节汽阀再次顺序开启，参与机组的配汽调节。

国内东方汽轮机厂生产的 600MW 等级机组的控制系统中，设计配汽方式为混合配汽，只有四阀点与三阀点可用，没有两阀点。在设计思想上，混合配汽方式兼顾了单阀配汽的安全性与顺序阀配汽的经济性，更适用于带基本负荷的机组，机组调峰运行时则会产生很大的节流损失。对于该类型汽轮机，电厂方面多采用三阀点滑压的方式，与同容量的机组相比，主蒸汽压力明显偏低，影响到机组的经济性与动态调频能力。考虑到上述诸多因素，有必要对这种配汽方式进行改造。下面以东汽方汽轮机厂生产的 600MW 超临界汽轮机为例，讨论顺序阀方式的改造方法。

一、机组简介

某发电厂♯1、♯2机组汽轮机为东方汽轮机厂制造的 600MW 超临界、冲动式、中间再热式、高中压合缸、三缸四排汽、单轴、凝汽式汽轮机，机组型号为 N600-24.2/566/566，原设计为混合配汽方式。共有 4 组高压缸进汽喷嘴，由 4 个调节汽阀（CV）控制。来自锅炉的新蒸汽首先通过 2 个高压主汽阀（MSV），然后流入调节汽阀。这些蒸汽分别通过 4 根导管将汽缸上半部和下半部的进汽套管与喷嘴室连接。4 只高压调节汽阀共用一个调节汽阀室，中间互联互通，从机头向发电机侧看，每个调节汽阀相对应的喷嘴组布置方式如图 2-3 所示。

汽轮机控制系统采用 HIACS-5000M 高压纯电调控制系统，配汽函数采用直接分配方式将流量指令分配到各调节汽阀。原配汽曲线如图 5-1 所示；在流量指令较小时，4 只调节汽阀同时开启，随着流量指令的增加，CV1、CV2、CV3 开度增加，但 CV4 开度减小，流量指令再增加时，CV4 再次开启。各调节汽阀后喷嘴组对应的喷嘴数 CV1 为 58 个，CV2 为 34 个，CV3 为 34 个，CV4 为 58 个。

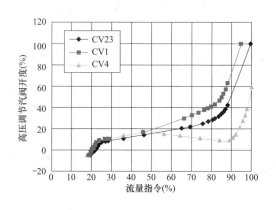

图 5-1　原配汽曲线

二、改造方案的选取

将混合配汽方式改造成顺序阀配汽方式，实现的途径有两种：一是直接修改原配汽曲线，低负荷时 4 个调节汽阀同时开启，随后 2 只调节汽阀逐渐关小，负荷再增加时，这 2 只调节汽阀再依次开启，这种配汽方式本质上仍为混合配汽，但可实现两阀滑压运行；二是保留原混合配汽方式，另外增加一套顺序阀配汽方式，汽轮机可在两种配汽方式之间在线切换。第二种方式更为灵活，也不需要额外增加设备投资，机组启动以及汽阀活动试验仍可在原混合配汽方式下进行，对运行影响较小。另外，东方汽轮机厂对顺序阀配汽方式下喷嘴组强度校核计算结果表明：主蒸汽压力为额定值时喷嘴组强度可满足 CV2、CV4 两阀全开且 CV1、CV3 两阀全关工况或者 CV1、CV3 两阀全开且 CV2、CV4 两阀全关需要，同时为汽轮机安全可靠运行考虑，建议两阀全开运行时主蒸汽压力不高于 21.7MPa。

综合分析后，决定采用上述第二种方式进行改造。由于各调节汽阀后喷嘴组的喷嘴数量差别较大，顺序阀方式下，不同的阀门开启顺序对机组的影响会明显不同，为了便于对比，两台汽轮机的改造采用了不同的顺序阀阀序。

三、确定顺序阀阀序

使用第三章第一节所述方法，对该汽轮机进行阀门关闭试验。试验时机组负荷维持在 400MW 左右，机组协调投入，DEH 侧与 DCS 侧一次调频回路均撤出，汽轮机处于原混合配汽运行方式。试验时，逐一减小调节汽阀开度，其中♯1 机组试验数据如表 5-1 所示，♯2 机组试验数据如表 5-2 所示。试验过程中，汽轮机各轴承温度与振动值没有发生超限变化，从顺序阀开启次序上看，♯1 机组 CV2-CV4-CV1-CV3 能满足机组安全运行的需要，♯2 机组 CV1-CV3-CV2-CV4 能满足机组安全运行的需要。

表 5-1　　　　　　　　　　♯1 汽轮机阀门关闭试验结果

项目	单位	数值			
负荷	MW	400	392	387.7	380
CV1 开度	%	9	38	20	0
CV2 开度	%	33	41	99	99
CV3 开度	%	32	0	8	0
CV4 开度	%	47	61	99	99
主汽压力	MPa	18.8	17	19.4	19.3
♯1 轴温度	℃	79	82	69	69
♯2 轴温度	℃	82	84	79	79
♯1 轴振动 X	μm	20	16	20	19
♯1 轴振动 Y	μm	22	11	13	12
♯2 轴振动 X	μm	35	33	27	28
♯2 轴振动 Y	μm	27	25	21	21

表 5-2   ♯2 汽轮机阀门关闭试验结果

项目	单位	数值			
负荷	MW	402	395	377	388
CV1 开度	%	71	85	99	99
CV2 开度	%	51	29	20	0
CV3 开度	%	51	65	99	99
CV4 开度	%	2	2	2	1
主汽压力	MPa	17.0	17.4	18.5	20.9
♯1 轴温度	℃	100	100	100	100
♯2 轴温度	℃	98	98	98	100
♯1 轴振动 X	μm	27	27	26	25
♯1 轴振动 Y	μm	25	27	29	28
♯2 轴振动 X	μm	41	40	38	35
♯2 轴振动 Y	μm	35	37	41	46

四、配汽曲线的获取

对汽轮机配汽方式的改造，关键是要改变汽轮机的配汽曲线。通过阀门关闭试验可知，♯1、♯2 机组在顺序阀方式下阀门的开启次序是不一样的。值得注意的是，♯1 机组第三只开启的调节汽阀对应的喷嘴数为 58 个，第四只开启的调节汽阀对应的喷嘴数为 34 个，相差较大，这会造成节流损失的差异，对应的最佳滑压曲线也会不同。使用第四章第二节所述方法在不同阀序下进行汽轮机流量特性试验。根据试验结果，分别计算得到它们在顺序阀方式下的各自的配汽曲线，分别如图 5-2、图 5-3 所示。

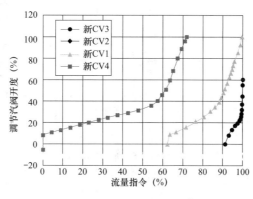

图 5-2　♯1 汽轮机配汽曲线（阀序 CV2&CV4-CV1-CV3）

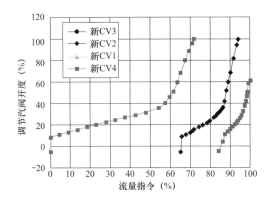

图 5-3　♯2 汽轮机配汽曲线（阀序 CV1&CV3-CV2-CV4）

五、顺序阀方式的投运

为了检查该机组在不同配汽方式切换过程中运行是否平稳，在 300～550MW 范围内，每隔 50MW 负荷点，进行了原混合配汽方式（简称旧阀）与顺序阀配汽方式（简称新阀）切换试验。切换时机组协调方式投入，切换过程时间设置为 10min，两台机组的配汽方式切换时主要参数变化如图 5-4、图 5-5 所示。可以看出，在协调投入的方式下，机组配汽方式切换过程平稳，功率波动基本在 ±10MW 以内，切换过程对机组扰动小。

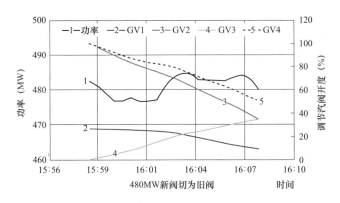

图 5-4　♯1 机组 480MW 负荷时配汽方式切换过程曲线

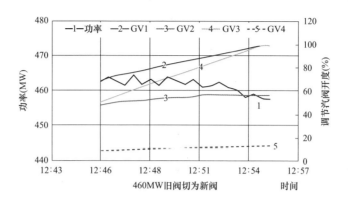

图 5-5 ♯2 机组 460MW 负荷时配汽方式切换过程曲线

为了验证机组在顺序阀方式下的协调响应情况，对其进行顺序阀方式下负荷变动试验。具体试验方式为：机组 AGC 撤出、协调投入，机组滑压控制回路投入，其他主要自动回路投入；按正常的负荷变化速率，观察机组在新的顺序阀配汽曲线下协调运行情况以及阀点处汽阀晃动情况。其中♯1 机组负荷由 550MW 降到 380MW 过程曲线如图 5-6 所示，♯2 机组负荷从 362MW 升到 538MW 过程曲线如图 5-7 所示。

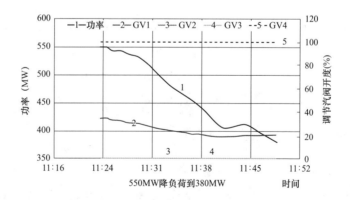

图 5-6 ♯1 机组顺序阀方式下负荷变动试验曲线

试验结果表明，在顺序阀方式下，两台机组在负荷变动过程中协调运行正常，主蒸汽参数无明显异常波动，阀点处调节汽阀均无明显晃动。

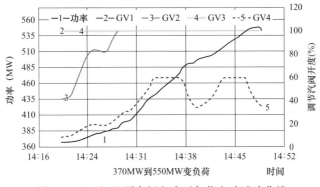

图 5-7 ♯2 机组顺序阀方式下负荷变动试验曲线

六、顺序阀方式下滑压曲线的优化

汽轮机在顺序阀方式下运行节能效益发挥的程度与其滑压曲线密切相关，♯1、♯2 机组配汽曲线不同，其对应的最佳滑压曲线也会有所不同。为了提高该机组顺序阀方式下运行的经济性，分别对两台机组进行了滑压曲线优化试验。

试验期间机组设备按设计要求投入运行，汽水化学取样、热井补水照常进行，停止锅炉吹灰，停止供热，撤出 AGC 远方控制，固定负荷运行，试验工况涵盖 300～550MW 负荷段，包括改造前混合配汽方式几个试验工况（采用原设置的滑压曲线）和改造后顺序阀配汽方式几个试验工况。根据试验结果，得到 ♯1 机组顺序阀方式改造前后的滑压曲线如图 5-8 所示，♯2 机组顺序阀方式改造前后的滑压曲线如图 5-9 所示。

七、配汽方式改造经济效益分析

对各负荷段配汽方式切换前后的试验数据进行计算，获得各试验工况下不同高压调节汽阀开度带来的高压缸效率变化，以及相应主汽压力、小机进汽流量等参数变化引起的循环效率变化，考虑缸效与循环效率变化带来的综合影响，参考历史试验数据并利用机组变工况计算模型计算热耗率的变化，从而获得改造前后不同负荷下的机组运行热耗率的变化，如图 5-10 所示。

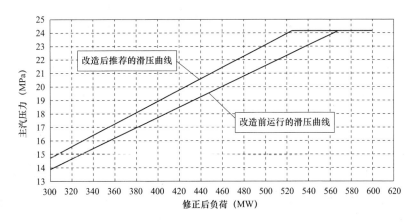

图 5-8 ♯1 机组顺序阀改造前后滑压曲线对比

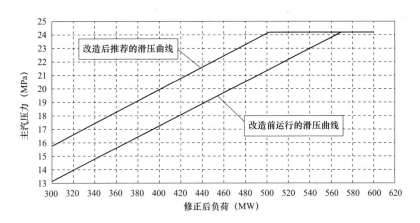

图 5-9 ♯2 机组顺序阀改造前后滑压曲线对比

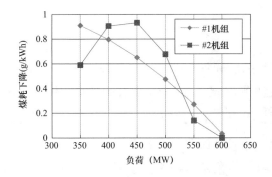

图 5-10 采用不同阀序时经济性对比

如前所述，♯1、♯2机组采用了不同的顺序阀阀序，在多数运行负荷段，♯1机组采用CV1主调，♯2机组采用CV2主调，由于两者后喷嘴数量差异显著，顺序阀方式运行的经济性会有所不同，从图5-10也可以看出两者之间的差异。可见，在大部分负荷段，采用CV2主调的机组顺序阀运行的经济性会更加好，即对该机型而言，顺序阀方式下第三只开启的调节汽阀对应的阀后喷嘴数量较少时，运行经济性更佳。

此次改造表明，采用顺序阀配汽方式对该600MW超临界汽轮机进行改造，可提高机组运行的主蒸汽压力，减少调节汽阀的节流损失，降低机组热耗率，增强机组的负荷动态响应能力，增加机组运行方式的灵活性。当调节汽阀后对应的喷嘴数量不同时，采用不同的顺序阀阀序时机组的最优滑压曲线有所不同，顺序阀方式运行时所取得的经济效益也会所差异。在日常负荷范围内，承担主要调节任务的调节汽阀对应的阀后喷嘴数量较少时，顺序阀运行经济性更佳。

第二节　汽轮机节流配汽优化

目前并网运行的汽轮机组有很大一部分采用节流配汽，以上海汽轮机厂生产的1000MW超超临界汽轮机最为典型。该类型汽轮机设计两个高压调节汽门，配备有补汽阀；主要设计意图是机组正常运行时两个高压调节汽阀全开、滑压运行，补汽阀主要用来进行一次调频。实际运行中，大量该类型汽轮机组的补汽阀会因引起转子振动大而无法正常投运；同时由于采用调节汽阀全开滑压运行，机组的调频能力会显著下降，无法满足电网要求。为此，多数电厂综合考虑后，对该类型的汽轮机仍然采用节流调节。节流配汽方式在调节汽阀开度较小时，节流损失较大，但控制性能较好；在调节汽阀开度较大时，节流损失较小，但控制性能较差。如何兼顾节流配汽汽轮机的经济性与可控性，需要进行深入研究。

大型汽轮机组一般采用滑压方式运行，对于喷嘴配汽的汽轮机，这样做可以最大限度地避免调节汽阀的节流损失；对于节流配汽的汽轮机，这样做可以有效增加调节汽阀开度，降低节流损失。对于一台特定的汽轮发电机组，在运行参数和热力系统运行状态基本不变情况下，机组负荷与主蒸汽流量成正比例关系，而主蒸汽流量与主蒸汽压力和调节汽阀开度成正比例关系。因此，在机组负荷一定的情况下，主蒸汽压力与调节汽阀开度负相关，且有一一对应关系。汽轮机运行滑压曲线的确定可以转化为调节汽阀开度的确定，因此节流配汽汽轮机滑压曲线优化的问题，等同于调节汽阀开度优化的问题，即在不同的负荷下确定兼顾经济性与控制性的调节汽阀开度。

一、节流配汽优化试验原理和方法

汽轮发电机组整机热效率可表示为

$$\eta = \eta_b \cdot \eta_p \cdot \eta_i \cdot \eta_m \cdot \eta_e \tag{5-1}$$

其中，
$$\eta_i = \eta_t \cdot \eta_{ri} \tag{5-2}$$

式中：η_b 为锅炉效率，%；η_p 为管道效率为%；η_i 为汽轮机绝对（内）效率，即循环的实际热效率，%；η_m，为机械效率，%；η_e 为发电机效率，%；η_t 为循环的理想热效率，其随初终参数变化，%；η_{ri} 为汽轮机相对内效率，随调节汽阀变化，%。

当机组工况发生变化时，管道效率、机械效率、发电机效率和锅炉效率的变动幅度均较小，可认为近似不变，此时整机热效率的变化主要取决于汽轮机内效率（循环的理想热效率、汽轮机的相对内效率）的变化。对再热机组来说，中压调节汽阀在各工况下均保持全开，汽轮机真空不变时，中、低压缸的内效率基本保持不变，即调节汽阀全开下的汽轮机内效率可视为常数，则汽轮机相对内效率的变化主要取决于调节汽阀节流引起的高压缸内效率变化。由朗肯循环原理可知，当工况变化引起初参数变化时，理想的循环热效率也将发生变化。机组在滑压方式运行时，如果维持较高的主蒸汽参数，有利于保证循环热效率，但往往由于两个调节汽阀开度较小而导致节流损失偏大，汽轮机相对内效率会明显下降。而如果降低主蒸汽参数运行时，循环热效率会下降，但此时调节汽阀开度会相对增大，汽轮机相对内效率会提高。由此可知，如果机组在合适的主蒸汽参数运行时，当汽轮机相对内效率的上升幅度超过循环热效率的下降幅度时，可使汽轮机绝对（内）热效率提高，也就是说汽轮机相对内效率和循环的理想热效率存在一最佳值，使得整机热效率最高。

节流配汽的汽轮机采用滑压方式运行，在低负荷工况运行时，汽轮机进汽压力较低且调节汽阀开度大，一次调频与 AGC 响应能力减弱，此时一般通过关小调节汽阀来提高运行主蒸汽压力，利用充足的调节汽阀调节余量来满足一次调频与 AGC 的要求。相同负荷情况下，调节汽阀的开度减小对机组运行经济性会造成两方面的影响：一方面，主蒸汽压力提高使机组循环热效率上升，对运行经济性产生了有利影响；另一方面，随着调节汽阀开度减小，调节汽阀节流损失增大，由主汽阀前参数和高压缸排汽参数计算的高压缸效率下降。同时，进汽压力提高使得蒸汽比热上升，高压缸排汽温度下降，循环吸热量增加，循环热效率下降，并且因给水泵功耗上升使小汽轮机耗汽量增加，汽轮机做功量减少。调节汽阀节流损失增大、高压缸排汽温度下降和小汽轮机耗汽量增加三项因素均将对机组运行经济性造成不利影响。上述系列影响可以通过试验来定量确定，从而可确定最佳的滑压曲线，在确保机组安全性和可控性前提下使得运行经济性较佳。

试验的具体方法是在各种典型负荷工况下，机组按原则性热力系统的方式运行，辅机按设计要求投运，选取几种不同调节汽阀开度的运行方式，采用热力性能试验的方法对机组发电热耗率进行比较，从而确定经济性较好的滑压运行方式和相应的滑压曲线。下面以上海汽轮机厂生产的某台 1000MW 超超临界汽轮机为例进行说明。

二、节流配汽优化试验与结果分析

节流配汽优化试验在机组日常调峰负荷段设置了 1000、900、800、700、600、500MW 共六个负荷点，对调节汽阀全开（100%）、优化滑压（45%）、参考滑压（38%）和日常滑压（21%～35%）四种运行方式进行了经济性比较。由于相同负荷点不同滑压方式各工况修正后负荷存在差异，将试验结果直接比较缺乏合理性，因此将各工况试验计算结果数据绘制成发电热耗与发电机输出功率的关系曲线来进行不同滑压方式下机组运行经济性的比较。

图 5-11 为不同运行方式下机组发电热耗率随负荷变化的情况，纵坐标为参数修正后的发电热耗率，横坐标为参数修正后的发电机输出功率。由图可见，采用不同滑压运行方式在高负荷工况发电热耗率差异不大，低负荷工况发电热耗率差异明显增大。相对而言调节汽阀全开方式发电热耗最低，调节汽阀开度 45% 的优化滑压方式次之，调节汽阀开度 38% 的参考滑压方式发电热耗率高于前两种方式，日常滑压方式热耗最高，即高压调节汽阀开度越大，发电热耗率越低。

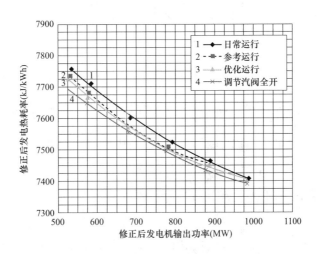

图 5-11　1000MW 汽轮机不同调节汽阀开度下发电热耗率与负荷关系

从图 5-11 中几条曲线相对差异来看，随着负荷的增加，日常运行方式调节汽阀开度的逐步增大，不同运行方式的差异逐渐减小。在满负荷区域，相同负荷工况下，机组发电热耗率相差较小，热耗最低的调节汽阀全开工况比热耗最高的日常运行工况低 17.3kJ/kWh（低 0.23%）；在半负荷区域，相同负荷工况下，机组发电热耗率相差明显增大，热耗最低的调节汽阀全开工况比热耗最高的日常运行工况低 77.5kJ/kWh（低 0.99%）。

通过试验得到发电热耗率、锅炉效率、厂用电率、管道效率后，可以计算得出机组供电煤耗。图 5-12 为四种运行方式下单台循泵运行时机组供电煤耗率随负荷变化的情况,纵坐标为基于参数修正后发电热耗、锅炉效率、厂用电率计算得到的供电煤耗率,横坐标为参数修正后发电机输出功率。

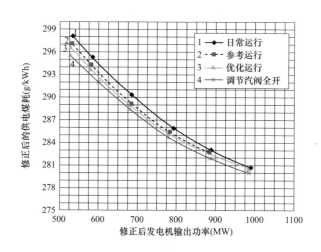

图 5-12　1000MW 汽轮机不同调节汽阀开度下供电煤耗与负荷关系

与图 5-11 的曲线相比,图 5-12 的曲线中包含了锅炉效率和厂用电率的影响因素。由此可知,由于相同负荷工况不同滑压方式煤耗计算时锅炉效率、厂用电率和管道效率采用同一值,因此不同滑压方式供电煤耗差异与发电热耗差异规律相同,即调节汽阀全开方式煤耗最低,优化滑压方式次之,日常滑压方式相对最高。在满负荷工况下,日常滑压运行方式的供电煤耗比优化滑压、调节汽阀全开高 0.7、1.5g/kWh;在半负荷工况,日常滑压运行方式的供电煤耗比优化滑压、调节汽阀全开高 2.0、3.3g/kWh。随着负荷由高到低,日常运行方式的调节汽阀开度与各滑压运行相比差距越来越大,导致供电煤耗的差异也越发突出。

如前所述,根据该类型汽轮机的设计意图,在 40%~100% 负荷区间内希望全程滑压运行,两个调节汽阀一直都保持全开的运行方式,在机组参与一次调频、超负荷运行等工况时,开启补汽阀运行。而在电厂实际运行中,补汽阀常处于不可用状态,调节汽阀全开滑压运行时升负荷速率明显受限。由图 5-11 可见，调节汽阀开度为 45% 的优化滑压方式热耗曲线与调节汽阀全开运行方式比较接近，即两种运行方式的经济性差异较小。而从各负荷工况两种运行方式的主蒸汽压力关系来看，优化滑压方式主蒸汽压力约比调节汽阀全开方式高 3.6% 左右。由此可大致推断，在相同主蒸汽压力情况下，与调节汽阀全开方式相比，调节汽阀开度 45% 的优化滑压方式存在 3.6% 左右的负荷调节余量，对应满负荷工况约 36MW，对应 500MW 工况约 18MW，可满足 AGC 和一次调频的要求。综合分析认为，调节汽阀开度 45% 的滑压方式可作为该机组的优化运行方式，但需要经过实践验证其控制性能满足机组要求。

图 5-13 为采用不同运行方式的滑压曲线，由图可见各滑压曲线中不同负荷工况主蒸汽压力比日常滑压方式明显低。根据该图中数据对滑压曲线进行设置，即可实现机组优化滑压方式运行。

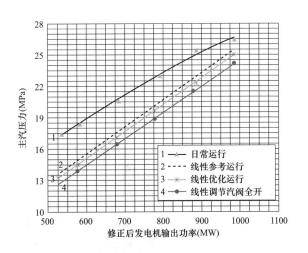

图 5-13 1000MW 汽轮机各运行方式的滑压曲线

三、调节汽阀优化开度的确定

如前所述，调节汽阀开度 45% 的滑压方式可作为该机组的优化运行方式，但实际运行时，常出现以下异常：①机组在负荷突增、AGC 快速响应等工况下，经常出现调节汽阀快速全开、调节汽阀大幅度晃动的情况，给设备带来一定安全隐患；②低负荷时，一次调频负荷响应幅值偏小，AGC响应能力较差。

　　分析认为，汽轮机调节汽阀开度过大是造成上述问题的主要原因。调节汽阀开度为 45% 时，实际负荷调整裕量比理论值偏小，低负荷时主蒸汽压力降低也会削弱汽轮机的调频功能，因此适当降低调节汽阀开度是必须的，此时主蒸汽压力也要相应提高。重新调整后的调节汽阀开度、主蒸汽压力与负荷的关系如图 5-14 所示。

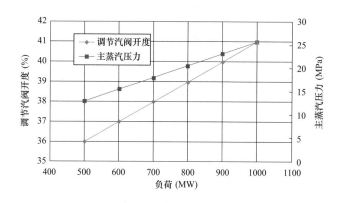

图 5-14　1000MW 汽轮机优化后调节汽阀开度、主蒸汽压力与负荷的关系曲线

　　实际运行结果表明，汽轮机按图 5-14 所示曲线运行，调节汽阀开度晃动现象消失，一次调频与 AGC 响应正常，机组控制水平明显提高。由图 5-14 可知，优化后的调节汽阀开度介于优化滑压方式与参考滑压方式之间。由前述对试验结果的分析可知，该汽轮机按图 5-14 所示曲线运行时，其经济性也介于优化滑压方式与参考滑压方式之间，与日常滑压方式相比，经济效益十分明显。当然，上述讨论主要针对机组运行经济性，关于机组正常运行时高压调节汽阀开度与一次调频的关系，将在以后的章节深入讨论。

第三节　运行环境对汽轮机配汽的影响

　　并网运行的汽轮机实际运行环境与条件是时刻变化的，常见的包括汽轮机凝汽器真空、锅炉吹灰、机组向外供辅助蒸汽、投用再热器减温水等。

这些变化因素都是机组正常运行必然会出现的，对机组的直接影响就是改变机组功率与主蒸汽流量的对应关系。反映到运行参数上，就是同样的功率下，如果还要求同样的主蒸汽压力，汽轮机高压调节汽阀的开度就必须发生改变。也就是说，运行环境改变，如果机组还按原滑压曲线运行，汽轮机高压调节汽阀开度就会偏离原来的最佳位置，这必然会造成机组运行经济性的下降。

上述各因素中，影响最大的就是汽轮机凝汽器真空，主要是季节变化引起环境温度的变化，进而造成循环水温度变化所引起。为使滑压曲线满足全年不同季节运行要求，使汽轮机高压调节汽阀一直保持在最佳阀位运行，需要对滑压曲线进行凝汽器真空修正。结合当地大汽压力，凝汽器真空可转化为汽轮机的背压。这类修正方法很多，下面介绍较为简单的一种，仍以上述上海汽轮机厂生产的 1000MW 超超临界汽轮机为例进行说明。

一、滑压曲线的修正方法

为便于相同负荷不同运行方式间在同一可控参数基准上进行比较，根据试验结果，对试验热耗率和发电机输出功率进行了主蒸汽温度、再热蒸汽温度、再热器减温水流量、低压缸排汽压力、发电机功率因数等 5 项可控参数偏差的修正。图 5-14 所示的滑压曲线横坐标负荷是试验状态下经可控参数修正后的负荷。只考虑汽轮机背压的影响，可使用式（5-3）对滑压曲线中的功率进行背压项的修正，即

$$P = P_T + (p_b - p_{bd}) \times K \qquad (5\text{-}3)$$

式中：P 为修正后机组功率（滑压曲线横坐标），MW；P_T 为机组实际运行功率，MW；p_b 为实际背压，kPa；p_{bd} 为额定背压，kPa；K 为背压修正系数，$K = \dfrac{\Delta P_T}{\Delta p_b}$，其取值与实际功率相关。

经过式（5-3）的修正，可保证在相同负荷段，机组滑压运行时，汽轮机调节汽阀阀位工作点在背压变化时保持基本不变。

实际上，一般机组并不配备在线测量背压绝对值的压力变送器，背压用 DCS 中的两种参数确定，一种是凝汽器真空，另一种是低压缸排汽温度

对应的饱和压力。但由于 DCS 真空测量值可能会受仪表管积水、仪表本身校验误差较大等因素的影响，与真实值偏差较大，并且 DCS 缺少准确的在线大气压测量值，而通常全年大气压变化往往会超过 4kPa，由此将造成 20MW 以上的功率修正量偏差，最终会使调节汽阀开度偏离最优值。通过试验发现，低压缸排汽温度相对来说测量值更准确些，能够满足运行的精度要求，因此可用低压缸排汽温度对应饱和压力值换算后得到汽轮机实际背压。

二、背压修正系数 K 的计算

如前所述，背压修正系数 K 与机组实际功率密切相关，可以通过汽轮机微增出力试验来获取。额定负荷附近，汽轮机调节汽阀开度保持不变时，该汽轮机背压与功率的关系如图 5-15 所示。其他负荷下也有类似的曲线，图 5-16 是该机组在 75％额定负荷、55％额定负荷下汽轮机微增出力的试验结果。

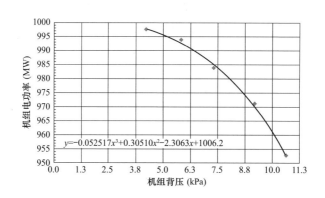

图 5-15　1000MW 汽轮机额定负荷下汽轮机背压与功率的关系曲线

不同负荷下的汽轮机背压与功率的关系曲线不相同；同一负荷下，不同背压时，相同的背压变化量，引起的功率变化量也不相同。此时可将背压变化多次，通过不同的背压变化量，及与各个背压变化量相对应的功率值变化量，获取同一负荷点下不同的 K 值，并将同一负荷点对应的各个 K 值取平均值作为该负荷点的背压修正系数。

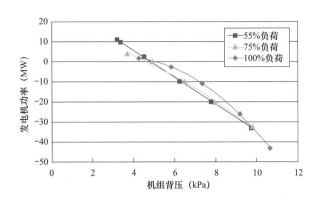

图 5-16　1000MW 汽轮机不同负荷下汽轮机背压与功率的关系曲线

三、背压对滑压曲线修正的逻辑实现

图 5-17 为实际使用的背压对滑压曲线修正的逻辑示意图。经过该修正，可确保在真空变化时，汽轮机始终保持在优化后的调节汽阀开度下运行，从而获得较高的经济性与可控制性。

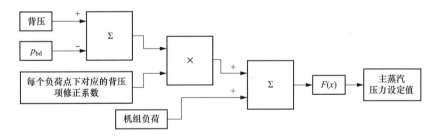

图 5-17　背压对滑压曲线修正的逻辑示意图

第六章

汽轮机组与一次调频

第一节　汽轮机组一次调频常见问题

正常运行中的区域电网，有功的产生与消耗始终处于一种动态平衡的状态，共同维系着电网的频率稳定。一旦出现功率扰动，电网将会出现频率波动，而发电机组一次调频功能的正确动作将会减少电网频率波动的幅度。一次调频功能是汽轮发电机组本身应具备的一种基本功能，实时响应电网频率变化能力的大小反映了一台火电机组综合动态性能的好坏。目前大型汽轮机组已经广泛使用了 DEH 系统，一次调频功能的投入与撤出、一次调频动作时表现出来的能力在一定范围内可以在线人为调整。根据相关标准规定，国内汽轮发电机组一次调频功能参数设置基本如下：

1）一次调频死区为 $\pm2\mathrm{r/min}$（0.033Hz）；

2）转速不等率为 3%～5%，一般取 5%；

3）一次调频的最大负荷增幅为 6%～10% 额定功率，一般取 6% 额定功率；一次调频动作时机组的负荷下限不应低于最低稳燃负荷。

值得注意的是，近年国内的区域电网出现了多起有功缺额导致的电网低频事件，究其原因，多是由区域电网内部的大型发电机组跳闸或区域电网外部大容量输电线路故障所致。此时区域电网内的火电机组的一次调频功能发挥并不理想，部分机组在一次调频动作时也出现了威胁汽轮机组安全运行的问题，这与一次调频功能动作具有突发性、快速性和动态性的特点有关。

一、一次调频时机组过负荷

机组在满负荷运行时，如果电网频率突降造成一次调频动作，机组就会出现过负荷现象，这在实施过增容改造的机组上表现最为明显。增容改造机组的发电能力已经得到最大程度的挖掘，满负荷运行时，汽轮机、锅炉、发电机和重要辅机往往有一个或几个都已经达到最大出力，若此时一次调频动作需要增加负荷，机组的安全运行会受到一定威胁。某发电厂改造机组在调节汽阀开度过大时会出现调节级压力超限的情况，对此该厂机组采用限制高压调节汽阀最大开度的方法来防止调节级压力超限，这会对机组在高负荷时的一次调频能力产生一定影响，但也不失为一项可行的安全措施。

二、汽轮机轴向位移变化

某发电厂一台 600MW 机组在一次调频动作时发现汽轮机轴向位移突然大幅度变化。一次调频试验前在 498MW 负荷稳定运行，主蒸汽流量为 1464t/h，轴向位移为 -0.09mm/-0.12mm/-0.12mm，在 $+7$r/min 的频差信号发出后，轴向位移随即发生变化，8s 后变为 -0.52mm/-0.55mm/-0.55mm，第 18s 后又重新恢复正常。与此相对应，高中压缸差胀在频差信号动作 8s 后，由 -0.6mm 变化到 -0.3mm，第 18s 后又重新恢复到 -0.6mm。在此过程中，汽轮机推力轴承温度没有变化，汽轮机其他 TSI 监测参数无异常变化。

该汽轮机在主蒸汽流量为 1800t/h 左右时曾出现过轴向位移变化较大的现象，♯1 高压加热器的投运与切除、低负荷时的倒缸操作都会导致该汽轮机轴向位移产生明显变化，这些现象说明汽轮机轴向位移对轴向推力的变化非常敏感。一次调频动作时，频差信号发出瞬间，高压调节汽阀开度增大，汽轮机高压缸进汽量突然增加，引起调阀端轴向推力增加，打破了原来的轴向推力平衡。受再热器的影响，汽轮机低压缸对一次调频响应存在明显的滞后性，一次调频动作后的新工况下汽轮机轴向推力的平衡还没有建立，再加上该机组汽轮机轴向位移对轴向推力变化的敏感性，在一次调频动作后其轴向位移随即发生较大变化；随着时间的推移，汽轮机轴向推力在新的工况下重新平衡，轴向位移也就重新恢复到原来的状态。一次调频动作时，汽轮机轴向位移突变，会给安全运行带来影响。

三、汽轮机推力轴承温度变化大

一次调频动作时，某发电厂 135MW 机组汽轮机出现推力轴承温度大幅度变化的情况。汽轮机在设定的频差变化范围内，♯9、♯10 推力轴承工作面温度分别在 73～85℃ 和 65～73℃ 之间变化，两个轴向位移分别在 −0.12～−0.14mm 和 −0.15～−0.17mm 之

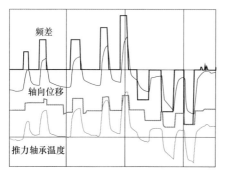

图 6-1 一次调频动作时汽轮机
推力轴承温度变化

间变化，具体表现为高压调节汽阀开大时（正频差），推力轴承工作面温度快速上升；高压调节汽阀关小时（负频差），推力轴承工作面温度快速下降，如图 6-1 所示。

从图 6-1 可以看出，推力轴承工作面温度和轴向位移变化与频差信号变化基本保持一致。一次调频的

快速动作，瞬间改变了汽轮机轴向力的平衡，推力轴承承担了这个平衡力的改变，从而造成推力轴承工作面的温度会随频差信号的改变而变化。这种情况下，推力轴承温度改变的大小主要受两个因素的影响，一是平衡改变前汽轮机大轴与推力轴承的相对位置，二是汽轮机大轴的平衡力改变的大小。推力轴承座架、瓦架和油膜并非刚性，在推力盘的作用下会产生一定的弹性位移。一般情况下，在推力轴承允许的弹性位移范围内，汽轮机大轴与推力轴承的相对位置变化对推力轴承温度影响不大。由试验结果可知，正频差信号触发后，推力轴承工作面的温度立即快速上升，说明这台汽轮机在正常运行时推力轴承的弹性裕量很小，轴向位移的轻微变化立刻会在推力轴承温度上反映出来。

四、汽轮机控制油管路振动大

某发电厂一台 600MW 汽轮机在一次调频投入后负荷为 550MW 左右时会出现控制油管路振动大、控制油压晃动大、高压调节汽阀开关频繁的现象，严重威胁着机组的安全运行。该厂曾试图通过增设调频死区、修改一次调频曲线、加固控制油系统支架等方法来减小振动与晃动情况，但效果不明显。类似的问题在很多机组上发生过，严重时甚至导致控制油管路

断裂。部分机组通过以下方法减小了控制油管路的振动：①修改汽轮机的配汽特性曲线；②在每个高压调节汽阀进油管路上增设蓄能器。

图 6-2 为该汽轮机的配汽特性曲线。从图中可以看出，该汽轮机在流量指令在 70%～100% 之间变化时，调节气阀开度变化较大，♯1、♯2、♯3 高压调节汽阀约在 50%～100% 之间变化，而♯4 高压调节汽阀在全关与全开之间变化。正常情况下，该汽轮机在 550MW 负荷时，流量指令约为 70%。在这个区域，流量指令每变化 1%，四个高压调节汽阀开度会同时变化 4%。如果取转速不等率为 5%，调频死区为 ±2r/min，±11r/min 的频差对应 ±6% 的流量指令变化的话，那么在一次调频作用范围内，转速每变化 1r/min，对应的流量变化为 0.667%，对应的高压调节汽阀开度变化为 2.67%。这个变化幅度是很大的，而电网的频差信号在 ±4r/min 时变化是经常的，因此该机组在一次调频投入后，高压调节汽阀在约 5% 的范围内快速晃动是经常发生的。而多台油动机同时大范围内调整，经常会引起控制油管路振动，这暴露出两方面的问题：①一次调频动作时多台油动机动作幅度过大；②在多台油动机同时动作时，控制油供油量不足。后者是问题的关键。

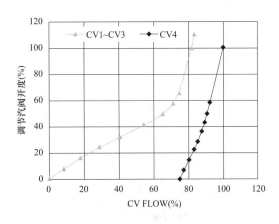

图 6-2　某 600MW 汽轮机配汽特性曲线

该机组汽轮机修改了配汽特性曲线，降低♯1、♯2、♯3 高压调节汽阀配汽特性曲线在高负荷段的斜率，提前♯4 高压调节汽阀的开启时刻，同时降低其配汽特性曲线的斜率。结果表明，这种措施是有效的。在以后的检修时，该机组在汽轮机每个高压调节汽阀的控制油进油管路上增设了一个蓄能器，以弥补在多台油动机同时动作时油量与油压的不足。一次调频试验结果表明，这种措施能够较好地解决一次调频动作时控制油管路振动问题。

五、一次调频能力不足

电网的一次调频能力是网内各台机组一次调频能力的综合。机组的一次调频能力主要包括两个方面，一是快速响应电网频率变化的能力，二是根据电网频率变化的幅度按设定目标调整出力的能力。表 6-1 是多台机组一次调频试验时功率的响应情况。从试验结果来看，各机组均能在频差信号发出 1～3s 内做出快速反应，表现出明显的负荷变化，说明机组快速响应电网频率变化的能力较强。但是从机组负荷调整的幅度来看，调频负荷达到设定值的机组不多，一次调频能力不足是普遍存在的问题。在这种情况下，电网频率突变事故一旦发生，整个电网的自平衡能力就会下降，增加了事故扩大的可能性。

表 6-1　　　　　　　　　　一次调频能力试验情况

电厂名称	额定容量（MW）	试验频差（r/min）	运行方式	试验负荷（MW）	主汽压力（MPa）实际	主汽压力（MPa）额定	一次调频负荷（MW）实际值	一次调频负荷（MW）理论值
A 发电厂	300	±11	顺序阀	260	16.7	16.7	+12.1/−6.8	±18
	600	±11	混合阀序	540	16.6	16.7	+26.8/−26.9	±36
	600	±11	单阀	420	13.3	16.7	+36.3/−29.0	±36
B 发电厂	600	±11	混合阀序	553	16.5	16.7	+12.1/−19.6	±36
C 发电厂	300	±11	顺序阀	230	16.0	16.7	+9.6/−9.4	±18
	300	±11	顺序阀	230	15.2	16.7	+9.0/−5.9	±18
	300	±11	单阀	245	14.9	16.7	+14.0/−18.3	±18
	300	±11	单阀	245	14.2	16.7	+17.9−19.9	±18
D 发电厂	135	±11	单阀	120	12.9	13.2	+5.9/−4.0	±8.1
	135	±11	顺序阀	122	13.2	13.2	+7.2/−7.1	±8.1
	135	±11	顺序阀	120	12.8	13.2	+8.7/−7.8	±8.1
	135	±11	单阀	120	12.5	13.2	+11.8/−10.6	±8.1
	135	±9	顺序阀	119	13.1	13.2	+5.5/−4.45	±6.3

电厂名称	额定容量（MW）	试验频差（r/min）	运行方式	试验负荷（MW）	主汽压力（MPa）		一次调频负荷（MW）	
					实际	额定	实际值	理论值
E 发电厂	215	±11	顺序阀	200	12.8	13.4	+5.3/−9.3	±12.9
	215	±11	顺序阀	180	12.9	13.4	+11.1/−10.3	±12.9

影响汽轮机一次调频能力的因素是多方面的。对液调汽轮机来说，在一定的工况下，理想状态时转速滑环位移、油动机位移、调节汽阀开度和汽轮机负荷之间是有一一对应关系的，中间任何一个环节有偏差都会导致频差与汽轮机负荷变化之间对应关系的偏差，配置 DEH 系统的机组同样如此。机组一次调频功能主要依靠一次调频回路产生一次调频负荷调整分量，与汽轮机总流量指令叠加后，经过汽轮机的配汽函数，形成汽轮机的高压调节汽阀开度指令，其结果同样受到当时汽轮机运行工况的制约。一般认为一定的频差对应一定的负荷变化，如对于额定负荷为 300MW 的汽轮机在 5% 的转速不等率、±2r/min 的死区下，11r/min 的频差会对应 18MW 的理论负荷变化量。但这一对应关系是有前提的，这个前提是：汽轮机处于额定的参数下运行，汽轮机的配汽曲线与其流量控制特性曲线相匹配，功率控制线性关系良好，外界能提供足够的能量。

有关资料提供了下面的理论计算公式

$$\frac{\Delta P}{P_d} = \left(1 + \lambda \cdot \frac{p_0 - p_{0d}}{p_{0d}}\right) \cdot \frac{\Delta m}{m_d} \tag{6-1}$$

式中：ΔP 为负荷变化量；p_0 为主蒸汽压力；Δm 为油动机位移变化量，下标 d 表示相应参数的额定值；λ 为与当时汽轮机排汽压力和额定主蒸汽压力有关的系数，为正值。

式（6-1）成立的前提是：额定参数下，蒸汽流量与阀门开度成正比。一般地，一次调频动作时，汽轮机的排汽压力变化很小，因此式（6-1）中的 λ 可看作常数；$\Delta m / m_d$ 为一次调频动作时油动机位移变化与额定位移之比，也等于汽轮机高压调节汽阀开度变化与额定开度之比。式（6-1）的成立条件要求汽轮机高压调节汽阀开度与流量线性关系良好，因此当线性关系不好时，一次调频负荷量会偏离理论值。式（6-1）还表明，主蒸汽压力偏离额定值时，一次调频负荷量也会偏离理论值。一般情况下，运行中的主蒸汽压力很少会大于额定值，这会减少一次调频动作时机组的负荷调整量。下面以表 6-1 中 C 发电厂第三台机组一次调频试验数据为例说明主蒸汽压力对一次调频负荷量的影响。

一次调频动作时，主蒸汽压力为 14.9MPa，凝汽器真空为 -93.3kPa（近似汽轮机排汽压力为 6.7kPa），计算可得 $\lambda=1.0454$。假定阀门线性关系良好，则在 $+11$r/min 的频差信号下，$\Delta m/m_d=6\%$。由式（6-1）可计算得，此时 $\Delta N=15.97$MW，比一次调频负荷响应理论值 18MW 要小 2.03MW，原因就是一次调频动作时的主蒸汽压力比额定值低 1.8MPa。

当然，主蒸汽压力对机组一次调频能力的影响只是一个方面。从表 6-1 还可以看出，就一次调频能力而言，汽轮机单阀运行普遍比顺序阀运行时好，135MW 机组普遍比 600MW 机组好。另有试验表明，在相同频差下，同一台机组在不同的负荷段一次调频动作时的负荷调整量也会有所不同，甚至相差很大。这些都说明汽轮机流量控制的线性化程度对机组的一次调频能力有很大影响。试验机组中，单阀运行时的调节汽阀开度与流量的线性化程度要比顺序阀运行时好，135MW 机组的调节汽阀线性化程度普遍比 600MW 机组好，部分机组的蒸汽流量控制存在着局部非线性的情况。

除上述原因外，机组一次调频能力还受汽轮机真空、锅炉蓄热能力、锅炉再热器对蒸汽流量变化较敏感、加热器抽汽量、给水泵汽轮机用汽量等因素的影响。在一次调频参数设置确定的情况下，这些因素总体上可分为可控因素和不可控因素两大类。可控因素可以通过运行调整或检修调整进行消除，如真空偏低、汽轮机控制线性不好、汽轮机抽汽量偏大等；不可控因素与机组运行条件和系统结构有关，无法进行人为消除或避免，如主蒸汽参数偏离额定值、锅炉蓄热能力小等。通过调整可控因素，可以有效提高机组的一次调频能力。

第二节　节流配汽汽轮机一次调频能力在线计算方法

随着我国特高压电网建设尤其是特高压直流输电工程项目的大量投运，

作为受电端的区域电网低频事故风险增加，迫切需要网内火电机组的一次调频功能均能正常发挥作用。与此同时，我国近年来超超临界节流配汽汽轮机也大量投产，该类机组占区域电网发电容量的比重明显增加。因其效率较高，大量机组被调停的节假日期间该类型机组所占发电比重尤其大，其一次调频的重要性突显。就当前的情况看，对于节流配汽汽轮机来说，虽说已开发出凝结水节流调频等新型调频方式，但采用"调节汽阀节流运行，牺牲部分经济性来保证一定的调频能力"仍是主流选择。实际运行中，发电机组的运行工况是随时变化的，其一次调频能力也会因此而偏离设计值。如果能根据实际运行工况，对此类机组一次调频能力进行在线评估，可以促使机组根据评估结果实时调整运行参数，使得汽轮机在满足一次调频要求的同时尽可能地增加调节汽阀开度，提高运行经济性，也可以使电力调度部门实时掌握全网节流配汽汽轮机组的一次调频能力，更加合理地安排电力生产，提高电网运行的安全性。

节流配汽汽轮机一次调频能力在线评估计算，可根据节流配汽汽轮机实际运行或专门试验数据进行。主要计算思路如下：首先计算得到不同负荷下汽轮机第一级前（调节汽阀后）压力，并结合主蒸汽压力，得到调节汽阀前后压差与压损，对应不同的调节汽阀开度，得到调节汽阀开度与压损的关系；根据实际调节汽阀开度阶跃试验结果，得到不同调节汽阀压损变化与机组负荷变化的关系，并修正到额定蒸汽参数；把汽轮机调节汽阀从当前开度阶跃到全开对应的负荷增量看作是机组可以提供的最大的一次调频负荷，即机组的一次调频能力，根据汽轮机运行时的调节汽阀开度，得到调节汽阀压损以及突开到全开时的压损变化，再由压损变化与负荷变化的关系，可得到任意调节汽阀开度下对应的一次调频能力。下面以上海汽轮机厂生产的 N1000-26.25/600/600（TC4F）型超超临界汽轮机组为例说明计算的具体过程。

一、调节汽阀压损的计算

汽轮机组实际运行时，机组负荷 P_g 与主蒸汽流量 G 成正比例关系变

化，如式（6-2）。而由弗留格尔公式可知，机组正常运行时，主蒸汽流量
与调节汽阀后压力 p_e、温度 T_e 按式（4-2）关系变化，即

$$\frac{P_g}{P_{g0}} = \frac{G}{G_0} \qquad (6-2)$$

式（6-2）的参数中主蒸汽流量与机组功率用标幺值表征，其比较的基
准状态就是额定负荷、所有调节汽阀全开。式（6-2）中，下标"0"用来
表示该状态下的各参数的值，下同。由式（6-2）、式（4-2）知，汽轮机调
节汽阀后压力计算式为

$$p_e = p_{e0} \cdot \frac{P_g}{P_{g0}} \cdot \sqrt{\frac{T_e}{T_{e0}}} \qquad (6-3)$$

在计算得到调节汽阀后压力的基础上，根据实际测量得到的主蒸汽压
力 p_1，由式（6-4）可得到调节汽阀压损（此处包括主汽阀）

$$\Delta p = (p_1 - p_e)/p_1 \qquad (6-4)$$

在上述计算结果的基础上，结合当时汽轮机调节汽阀开度 ψ，可得到
汽轮机调节汽阀开度—压损关系曲线（ψ—Δp 曲线）。图 6-3 是 TC4F 型汽
轮机的调节汽阀开度—压损关系曲线，图中·代表试验数据，——代表根
据试验数据的拟合结果，下同。

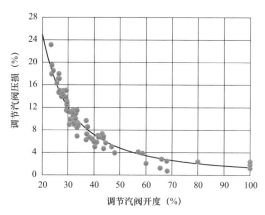

图 6-3 TC4F 型汽轮机的调节汽阀开度—压损关系曲线（ψ—Δp 曲线）

二、调节汽阀压损变化与机组负荷变化关系曲线确定

汽轮机组能够提供的一次调频功率主要由机组蓄热转化而来，汽轮机

正常稳定运行时，调节汽阀开度突然变化，必然会引起机组电功率阶跃变化并持续一段时间。调节汽阀压损变化 $\Delta(\Delta p)$ 与机组负荷变化 ΔP_g 的关系可通过调节汽阀开度阶跃试验获得，具体方法如下：

（1）机组在不同的典型负荷下稳定运行，在不同的调节汽阀开度下进行调节汽阀开度阶跃试验，记录试验前后机组的电功率、主蒸汽压力以及调节汽阀开度。调节汽阀开度阶跃的幅度一般使电功率明显变化并不超过10％额定功率。

（2）按调节汽阀开度不变时，机组负荷与主蒸汽压力成正比这一关系，将试验前后电功率的变化值修正至额定主蒸汽压力下的值。

（3）根据 ψ—Δp 曲线，求得调节汽阀开度阶跃前后压损的变化，结合修正后的试验时电功率的变化，可做出额定主蒸汽压力下调节汽阀压损变化与机组负荷变化的关系曲线（$\Delta(\Delta p)$—ΔP_g 曲线）。图 6-4 是计算得到的 TC4F 型汽轮机的调节汽阀压损变化与机组负荷变化的关系曲线。

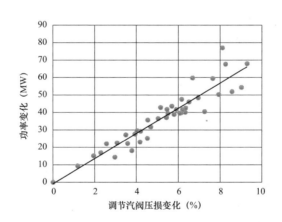

图 6-4　TC4F 型汽轮机调节汽阀压损变化与机组负荷
变化关系曲线（$\Delta(\Delta p)$—ΔP_g 曲线）

节流配汽汽轮机调节汽阀一般处于节流状态运行，这才使机组有一定的负荷调节裕量。汽轮机调节汽阀从当前开度阶跃到全开对应的负荷增量是机组可以提供的最大的一次调频负荷，这也是机组的一次调频能力。

三、调节汽阀开度与一次调频能力曲线确定

在上述试验与计算的基础上，使用以下方法在线计算节流配汽汽轮机的一次调频能力：

（1）根据运行中的汽轮机调节汽阀当前开度 ψ，由 $\psi—\Delta p$ 曲线得到调节汽阀压损 Δp。

（2）调节汽阀全开时压损（包括主汽阀）取为定值（一般可取 2.5%），计算得到汽轮机调节汽阀从当前开度到全开时的压损变化 $\Delta(\Delta p)$。

（3）查 $\Delta(\Delta p)—\Delta P_g$ 曲线可得到额定主蒸汽压力下，调节汽阀从当前开度到全开时的压损变化对应的功率变化。根据之前定义，该功率变化即为额定主蒸汽压力下，当前调节汽阀开度对应的一次调频能力。

（4）根据以上结果，得到调节汽阀开度与一次调频能力关系曲线（$\psi—\Delta P_g$ 曲线）。

（5）由机组实际运行时的主蒸汽压力与汽轮机调节汽阀开度，查 $\psi—\Delta P_g$ 曲线，根据负荷与主蒸汽压力成正比这一关系，将查到的一次调频能力修正到当前运行主蒸汽压力，由此可得到节流配汽汽轮机在线的一次调频能力。图 6-5 是 TC4F 型汽轮机的调节汽阀开度与一次调频能力曲线。

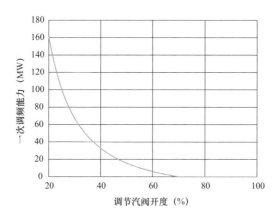

图 6-5　TC4F 型汽轮机的调节汽阀开度与一次调频能力曲线（$\psi—\Delta P_g$ 曲线）

四、一次调频能力的在线计算

完成上述工作后，可完成汽轮机组一次调频能力的在线计算，具体如下：

（1）在线测量得到机组的主蒸汽压力 p_1、调节汽阀开度 ψ。

（2）根据汽轮机组 $\psi—\Delta P_g$ 曲线，计算得到当前调节汽阀开度下、额定主汽压力时的一次调频能力。

（3）根据主蒸汽压力，计算得到一次调频能力修正系数 p_1/p_{10}。

（4）额定主汽压力时的一次调频能力与修正系数 p_1/p_{10} 乘积，即为汽轮机组实际运行时的一次调频能力。

五、一次调频能力与负荷关系

如前所述，对节流配汽汽轮机组，只考虑通过汽轮机调节汽阀开关进行一次调频，调节汽阀从当前开度快速完全打开带来的负荷增量是机组的一次调频能力。可见，一次调频能力与运行的主蒸汽参数有关，在相同的主蒸汽压力下，调节汽阀开度越小，机组的一次调频能力就越高。在忽略次要因素的情况下，机组功率与主蒸汽压力、高压调节汽阀开度之积成正比；调节汽阀开度一定时，机组功率与主蒸汽压力线性正相关，由当前的调节汽阀开度可计算得到额定主蒸汽压力下的一次调频能力，修正后可得到任意主蒸汽压力下的一次调频能力，从而可以得到既定调节汽阀开度时机组功率与一次调频能力的关系曲线。图 6-6 为 TC4F 型汽轮机调节汽阀开度为 31.5％时的一次调频能力曲线，图 6-7 为 TC4F 型汽轮机调节汽阀开度为 45％时的一次调频能力曲线。

图 6-6 表示，在额定主蒸汽压力下，汽轮机调节汽阀开度为 31.5％时，一次调频能力约为 60MW，如果主汽压力降低，要保证这样的一次调频能力，调节汽阀开度还要减小。由图 6-7 可见，调节汽阀开度维持在 45％左右运行，机组一次调频能力远远达不到相关规定中机组参与一次调频的调频负荷变化幅度上限最低 6％额定负荷的要求，低频事故时部分 TC4F 型汽轮机一次调频结果较差也印证了这一判断。

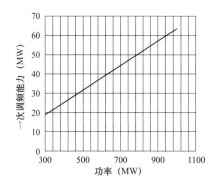

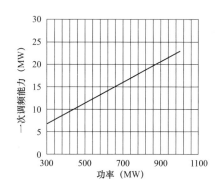

图 6-6　调节汽阀开度为 31.5％时的
　　　　一次调频能力曲线

图 6-7　调节汽阀开度为 45％时的
　　　　一次调频能力曲线

第三节　满足规定一次调频能力的汽轮机组滑压运行曲线

近年国内的区域电网出现了多起有功缺额导致的电网低频事件，很多机组一次调频能力发挥欠佳，分析发现，汽轮机运行主蒸汽压力偏低、调节汽阀开度过大是主要原因。调查发现，国内许多大型汽轮发电机组都进行过滑压曲线优化，以获得更好的运行经济性，而其结果往往降低了机组的一次调频能力。如果能得到满足规定一次调频能力的汽轮机组滑压运行曲线，并要求机组运行时的主蒸汽压力不低于该滑压运行曲线对应的压力值，给滑压曲线优化限定一个边界条件，就可确保汽轮机在高效运行的同时满足规定一次调频能力的要求，从而提高电网运行的安全性。

结合前述汽轮机组一次调频能力在线计算方法，满足规定一次调频能力要求的汽轮机滑压运行曲线主要计算思路如下：由本章第二节所述方法，确定额定主蒸汽压力下汽轮机调节汽阀开度与一次调频能力的对应曲线；按同样调节汽阀开度下一次调频能力与主蒸汽压力成正比的关系，以规定的一次调频能力为比较基准，得到满足规定一次调频能力的最低主蒸汽压力；根据相同汽轮机调节汽阀开度时负荷与主蒸汽压力成正比这一关系得到最低主蒸汽压力对应的负荷，由此可得到满足规定一次调频能力要求的汽轮机滑压运行曲线。下面仍以上海汽轮机厂生产的 N1000-26.25/600/

600（TC4F）型超超临界汽轮机组为例说明计算的具体过程。

一、汽轮机调节汽阀开度与负荷关系计算

额定主蒸汽压力 p_{0d} 下汽轮机高压调节汽阀开度 ψ 与负荷 P_g 的对应关系曲线 $P_g = f(p_{0d}, \psi)$ 可通过试验与计算方法获得，具体方法如下：

（1）通过降低主蒸汽压力，将机组调整至额定负荷、额定主蒸汽温度、汽轮机调节汽阀全开的状态，回热系统正常投入，汽轮机排汽压力维持正常值。

（2）维持主蒸汽压力与温度不变，缓慢减小汽轮机高压调节汽阀开度，相应减少燃料量，记录当前主蒸汽压力 p_0 下调节汽阀开度 ψ 与负荷 P'_g 的对应关系。

（3）按调节汽阀开度相同时负荷与主蒸汽压力成正比的关系，按式（6-5），将上述试验结果修正至额定主蒸汽压力

$$P_g = P'_g \cdot p_{0d}/p_0 \tag{6-5}$$

（4）根据试验结果，拟合得到额定参数下汽轮机调节汽阀开度与负荷的对应关系函数 $P_g = f(p_{0d}, \psi)$。图 6-8 为 TC4F 型额定参数下调节汽阀开度与负荷的对应关系曲线，其中·代表试验数据，——代表根据试验数据的拟合结果。

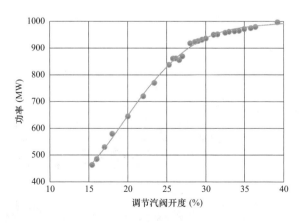

图 6-8 TC4F 型汽轮机额定参数下调节汽阀开度与负荷的对应关系曲线

二、汽轮机滑压曲线的确定

额定主蒸汽压力下汽轮机调节汽阀开度与一次调频能力的对应关系曲线（ψ—ΔP_g 曲线）的确定方法参考本章第二节相关内容。

汽轮机高压调节汽阀开度与满足规定一次调频能力的最低主蒸汽压力的关系曲线通过计算获得，具体为：由额定主蒸汽压力 p_{0d} 下汽轮机调节汽阀开度 ψ 与一次调频能力关系曲线（ψ—ΔP_g），按同样调节汽阀开度下一次调频能力 ΔP_g 与主蒸汽压力 p_0 成正比的关系，以规定的一次调频能力 ΔP_{g0} 为比较基准，按式（6-6）得到满足规定一次调频能力的最低主蒸汽压力 p_{0min} 为

$$p_{0min} = p_{0d} \cdot \Delta P_g / \Delta P_{g0} \tag{6-6}$$

在上述试验与计算的基础上，根据相同汽轮机调节汽阀开度时负荷与主蒸汽压力成正比这一关系，由之前得到的额定参数下汽轮机调节汽阀开度与负荷的对应关系曲线 $P_g = f(p_{0d}, \psi)$，用式（6-7）计算得到当前汽轮机调节汽阀开度下，最低主蒸汽压力 p_{0min} 所对应的机组负荷

$$P_g = \frac{p_{0min}}{p_{0d}} \cdot f(p_{0d}, \psi) \tag{6-7}$$

由此可得到负荷与满足规定一次调频能力要求的汽轮机滑压运行曲线。图 6-9 为按上述方法得到的 TC4F 型汽轮机的分别满足 4％、6％、8％以及 10％额定负荷一次调频能力要求时的滑压运行曲线。

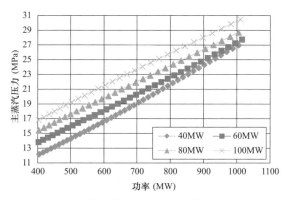

图 6-9 TC4F 型汽轮机满足规定一次调频能力时的滑压曲线

第四节 一次调频经济性代价分析

由前述内容可知，要保证规定的一次调频能力，汽轮机高压调节汽阀必然有节流损失。然而对火电发电厂来说，节能减排的规定也必须遵守，因此如何协调节流配汽汽轮机组运行经济性与一次调频性能之间的关系是一个现实的问题，其中的关键是要厘清一次调频对机组运行经济性的影响。下面仍以 TC4F 型汽轮机为例来讨论这个问题。

一、节流配汽机组运行现状

针对 TC4F 型汽轮机，已有试验数据表明，综合考虑循环热效率、调节汽阀节流损失、给水泵汽轮机耗汽量等多种因素后，在同样的负荷下汽轮机调节汽阀开度越大，运行经济性越好。某发电机组使用 TC4F 型汽轮机，表 6-2 是各典型负荷、不同汽轮机调节汽阀开度下该发电机组供电煤耗的试验结果。

表 6-2　　　　　某机组供电煤耗的试验结果

负荷（MW）	不同调节汽阀开度时的煤耗（g/kWh）			
	21%～35%	38%	45%	100%
500	300.1	299.1	298.0	296.8
600	294.5	293.3	292.6	291.7
700	289.8	288.7	288.0	287.4
800	286.0	285.2	284.4	283.9
900	283.0	282.8	281.8	281.2
1000	280.8	280.6	280.2	279.3

实际运行中，很多节流配汽汽轮机组进行了滑压优化，在大部分负荷范围内汽轮机高压调节汽阀开度维持在 40%～45% 之间，力求保证机组负荷响应速度的同时获得更高的运行效率。然而，结合本章第二、三节分析，并从实际的情况看，这样做机组的一次调频能力是无法保证的，尤其当机组处于升负荷阶段、电网又出现低频事故时，滑压优化后节流配汽汽轮机

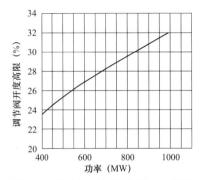

图 6-10 满足 6％额定负荷一次调频
能力的调节汽阀开度高限曲线

组的一次调频能力明显不足。分析计算表明，对于 TC4F 型汽轮机，满足 6％额定负荷一次调频能力要求的汽轮机调节汽阀开度与负荷的关系曲线如图 6-10 所示，该曲线也可以称为满足"6％额定负荷"一次调频能力的调节汽阀开度高限曲线。

TC4F 型汽轮机组实际运行时，通过调整主蒸汽压力可使其满足图 6-10 的要求。在负荷不变的情况下，汽轮机调节汽阀开度会自动向图 6-10 所示曲线靠近，从而确保机组一次调频能力时刻满足规定要求。当环境温度偏离设计值时，可对滑压曲线中的负荷进行低压缸排汽压力修正，使调节汽阀开度维持在设定值，以确保机组的一次调频能力。

二、满足规定一次调频要求的经济代价

从表 6-2 可见，对于 TC4F 型汽轮机组来说，其调节汽阀开度不同时，同一负荷下，供电煤耗差别较大，负荷越低这种差别越显著。汽轮机组正常运行时，调节汽阀开度的变化从高压缸效率、循环热效率、给水泵汽轮机的耗汽量等几个方面影响到机组运行的经济性；调节汽阀开度不同时，相同的调节汽阀开度变化造成的调节汽阀压损变化不同；负荷不同时，相同的调节汽阀压损变化造成的机组煤耗变化也是不同的。图 6-11 为不同负荷下调节汽阀压损变化 1％对供电煤耗的影响。

根据图 6-11 所示结果，结合图 6-10 所示的满足规定一次调频能力的调节汽阀开度高限曲线，分析计算可得到 TC4F 型汽轮机组在满足规定一次调频能力要求的运行工况与其调节汽阀以 45％开度运行时的机组供电煤耗差别，具体如图 6-12 所示。其中的供电煤耗增加值可以看作是 TC4F 型汽轮机组为满足规定一次调频要求所付出的经济代价。图中的典型数据为：500MW 负荷，煤耗增加 3.9g/kWh；700MW 负荷，煤耗增加 2.2g/kWh；900MW 负荷，煤耗增加 1.15g/kWh。

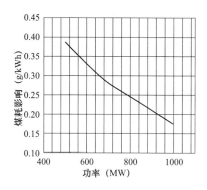

图 6-11　不同负荷下调节汽阀压损
变化 1% 对煤耗的影响

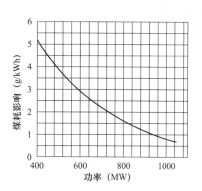

图 6-12　满足规定一次调频要求
所付出的经济代价

从图 6-12 可见，提高 TC4F 型汽轮机组的负荷率可以降低其满足规定一次调频要求所付出的经济代价。在区域电网内火电机组负荷率较高时，应该提高该类机组的负荷率；在区域电网火电机组负荷率较低时，更应该建立一次调频服务电价激励机制，给满足规定一次调频要求的此类机组一定经济补偿，提高其参与一次调频的积极性。对于受电端的区域电网来说，当网内类似节流配汽汽轮发电机组发电容量占比较大时，在节假日等特殊时刻，可要求节流配汽汽轮发电机组通过减小调节汽阀开度的方式来确保其一次调频能力满足相关规定要求，以降低突发低频事故的影响，确保电网运行安全。

第五节　汽轮机局部转速不等率计算

汽轮机转速不等率是汽轮机及其调速系统的特征参数之一，其决定着当电网频率偏离额定值时并网运行的各台汽轮发电机组一次调频贡献的大小。采用数字电液控制系统的汽轮机，其转速不等率由人工设定，在假定汽轮机蒸汽流量控制完全线性的前提下，火电机组一般设置为 3%～6%。传统上，汽轮机转速不等率定义为"汽轮机空负荷与满负荷的转速差值与额定转速之比"，一般记为 δ。但严格说来，按获得转速不等率的四象限图，这一定义应该修改为"汽轮机调节汽阀全关与全开时的转速差值与额定转速之比"。即使如此，这一定义反映的也只是汽轮机的平均转速不等率。大型电网运行比较稳定，根本不需要并网运行的汽轮机的调节汽阀全开或全关来响应一次调频的要求，而更多的是要求汽轮机在某一调节汽阀开度下，对负荷做小范围的调整。因此对于汽轮机发电机组的一次调频功能来说，局部转速不等率更具有实际意义。

一般地，汽轮发电机组一次调频功能动作时，假定汽轮机流量控制特性曲线完全线性，式（6-8）成立，即

$$\frac{\Delta P_{gd}}{P_{gd}} = -\frac{1}{\delta_d} \frac{\Delta n}{n_d} \tag{6-8}$$

式（6-8）中：P_g 为机组功率；δ 为转速不等率；n 为汽轮机转速，加标记"Δ"表示变化值；下标"d"表示该参数为额定值或设定值，下同。

当汽轮机蒸汽流量控制线性不佳时，式（6-9）成立，即

$$\frac{\Delta P_g}{P_{gd}} = -\frac{1}{\delta} \frac{\Delta n}{n_d} \tag{6-9}$$

由式（6-8）、式（6-9）可得到

$$\delta = \frac{\Delta P_{gd}}{\Delta P_g} \cdot \delta_d \tag{6-10}$$

式（6-10）实际上表明了汽轮机局部转速不等率 δ 与设定的转速不等率 δ_d 之间的关系。对于一次调频来说，两者之间的差别在于一次调频理论响应功率与实际响应功率的比值，两者之间偏差不应过大。但实际上，多数机组这两者之间均存在偏差，影响最大的因素是汽轮机流量控制特性曲线的线性度。

汽轮机的流量控制特性曲线通过以下试验方法获得：

（1）通过降低主蒸汽压力，将机组调整至额定功率、额定主蒸汽温度、汽轮机调节汽阀全开的状态，回热系统正常投入，汽轮机排汽压力维持正常值，记录此时的主蒸汽压力。

（2）维持主蒸汽压力与温度不变，缓慢减小汽轮机调节汽阀开度，相应减少燃料量，记录当前主蒸汽压力下调节汽阀开度 φ 与功率 P_g 的对应关系。

（3）由于试验过程中主蒸汽压力难免有略有波动，此时可依据调节汽阀开度相同时汽轮发电机组功率与主蒸汽压力成正比的关系，将上述试验结果修正至既定的主蒸汽压力。

（4）以额定功率为基准，对汽轮发电机组功率进行标幺化处理；根据试验结果，拟合得到汽轮机调节汽阀开度与功率标幺值的对应关系，$P_\mathrm{g}=f(\psi)$，相应曲线记为 $P_\mathrm{g}-\psi$ 曲线，该曲线即为汽轮机流量控制特性曲线。

图 6-13 为某 600MW 汽轮机组的流量控制特性曲线。

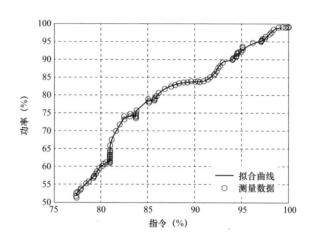

图 6-13　某 600MW 汽轮机流量控制特性曲线

利用工程计算软件对 $P_\mathrm{g}=f(\psi)$ 求导，得到 $\dfrac{\mathrm{d}P_\mathrm{g}}{\mathrm{d}\psi}=\dfrac{\mathrm{d}f(\psi)}{\mathrm{d}\psi}$，或对 $P_\mathrm{g}-\psi$ 曲线离散化处理后通过差分方法计算，获得任一调节汽阀开度 ψ_0 下的实际功率变化量与调节汽阀开度变化量的比值 $\Delta P_\mathrm{g}/\Delta\psi$。设计的理想状态下，功率 ΔP_gd（标幺值）的变化与调节汽阀综合开度的变化 $\Delta\psi$ 相等，即 $\Delta P_\mathrm{g}/\Delta P_\mathrm{gd}=\Delta P_\mathrm{g}/\Delta\psi$，结合式（6-10），有

$$\delta=\frac{\Delta\psi}{\Delta P_\mathrm{g}}\cdot\delta_\mathrm{d} \tag{6-11}$$

式（6-11）即为结合汽轮机流量控制特性曲线得到的局部转速不等率的计算式。以汽轮机调节汽阀开度为横坐标，以局部转速不等率为纵坐标，在调节汽阀的各个开度下均可以计算出一个局部转速不等率的值，从而可

以绘制出汽轮机局部转速不等率变化曲线（δ—ψ 曲线）。图 6-14 为某 600MW 汽轮机组的局部转速不等率变化曲线。

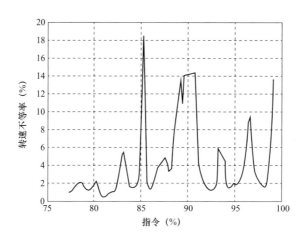

图 6-14　某 600MW 汽轮机局部转速不等率变化曲线

式（6-11）还表明，汽轮机局部转速不等率还与 DEH 系统一次调频功能中设定的转速不等率 δ_d 有关。不少机组为了应对日常一次调频考核，在保证平均转速不等率按规定要求设定的情况下，将小频差下的转速不等率设置得很小，这就造成了很多机组日常一次调频能力考核结果良好，而在大频差下的一次调频能力表现很差，这一做法与电网对机组一次调频的要求背道而驰。

第六节　局部转速不等率对汽轮机组一次调频能力的影响

电网的一次调频任务主要靠常规火电机组来承担，对于诸如华东电网等通过特高压输电而来的外来电占比较大的区域电网来说，由于特高压输电自身一次调频能力现在还明显欠缺，当地电网内火电机组的一次调频任务更加繁重。然而，从历次区域电网中出现较大功率缺额故障时的表现看，并网运行的汽轮发电机组的一次调频能力发挥并不稳定，调频能力时高时低，小频差下一次调频能力优秀而大频差时表现甚差者为数众多，以至于事故发生时电网频率下降远超预想，电力系统运行风险剧增。分析上述现象的原因，典型观点认为是下列因素导致：①运行参数优化后主蒸汽压力偏低导致汽轮机调节汽阀正常运行时开度过大；②一次调频动作后主蒸汽压力下降过多导致控制系统反向调节；③机组的蓄热能力不足；④一次调频逻辑不完善等。但仿真计算却表明，汽轮机转速不等率对机组的动态频率响应特性影响很大，在既定的电力系统故障下，转速不等率决定着电网频率变化的极值与处于非正常区间的时长。为此，厘清汽轮发电机组在不同频差下一次调频能力差异巨大、电力系统随机故障下机组一次调频能力发挥不稳定的真实原因，对提高电网运行的安全性有积极意义。

一、一次调频能力不稳定现象分析

汽轮发电机组实际运行中常发生一次调频能力不稳定的现象，具体表现为：①一次调频能力在电网小频差时好而大频差时差；②在电网在不同时刻有相同的调频需求时，同一机组各次的实际一次调频能力表现差异明显。2015 年，华东电网多次因特高压直流闭锁而出现大幅功率缺额，表 6-3 是其中三次故障时电网的具体情况，表 6-3 是当时浙江省内多台机组的一次调频动作情况（一次调频效果低于 0.6 为不合格）。

表 6-3   华东电网直流闭锁典型故障情况

序号	故障日期	电网负荷（MW）	功率损失（MW）	机组负荷率（%）	最低频率（Hz）
1	7 月 13 日	164830	3686	73	49.825
2	9 月 19 日	139260	4900	65	49.563
3	10 月 20 日	121680	3710	60	49.792

表 6-3 中三次故障，以 9 月 19 日的最为严重，华东电网最低频率降至 49.563Hz，约 6min 后才恢复正常；7 月 13 日、10 月 20 日的两次故障负荷损失、电网频率下降相近。三次故障时电网频率下降幅度均较大，需要每台机组做出的负荷响应都超出了机组一次调频功率的上限值（一般为 6% 额定功率），因此理论上每台机组在三次故障时的一次调频能力表现应该是相同的。但表 6-4 表明，9 月 19 日故障时一次调频合格的机组很少，

另两次故障时合格机组较多，同一机组在各次故障时的表现差异较大。这些数据一方面说明了机组一次调频能力合格确实可以有效减小电网频率下降，另一方面也说明电网中机组的一次调频能力发挥不稳定现象普遍存在。

表 6-4　　　　　　　　华东电网直流闭锁时机组一次调频响应情况

容量	机组名称	7 月 13 日		9 月 19 日		10 月 20 日	
		调频效果	是否合格	调频效果	是否合格	调频效果	是否合格
300MW 等级	T 厂＃8 机	—		0.39	否	0.81	是
	T 厂＃9 机	0.46	否	0.43	否	0.72	是
	W 厂＃3 机	0.90	是	0.34	否	0.47	否
	W 厂＃6 机	0.49	否	0.45	否	0.51	否
	Z 厂＃3 机	1.48	是	0.63	是	2.00	是
	Z 厂＃4 机	0.72	是	0.50	否	0.60	是
600MW 等级	B 厂＃1 机	0.55	否	0.58	否	0.82	是
	B 厂＃3 机	0.85	是	0.30	否	0.58	否
	B 厂＃5 机	1.09	是	0.53	否	0.82	是
	L 厂＃2 机	0.76	是	0.12	否	0.60	否
	L 厂＃4 机	—		0.53	否	0.73	是
1000MW 等级	J 厂＃7 机	0.68	是	0.02	否	—	—
	J 厂＃8 机	1.70	是	0.04	否	0.73	是
	Y 厂＃4 机	—		0.02	否	0.64	是
	C 厂＃2 机	0.65	是	0.83	是	0.58	否
	H 厂＃2 机	0.83	是	0.12	否	0.41	否

表 6-4 中的这些机组均是通过快速开关汽轮机调节汽阀来实现一次调频，调节汽阀的调节特性与初始位置对一次调频能力有显著影响。不少机组的流量控制特性也并非线性，调节汽阀不同开度时非线性程度也可能会不同。另外，常规汽轮机组主要有定压与滑压两种运行方式，控制方式不同时，同一负荷对应的汽轮机调节汽阀开度也不同；即使是同一控制方式，热力系统投用、凝汽器真空变化等因素都可能导致调节汽阀开度有差异。因此，汽轮机调节汽阀开度的随机性与汽轮机流量控制特性的非线性共同导致了机组一次调频能力的不稳定。由前文可知，汽轮机流量控制特性的非线性会直接导致汽轮机局部转速不等率波动很大。

二、基于电网频差计算局部转速不等率

目前，汽轮机 DEH 系统一次调频功能设置典型参数为：转速死区为 $\pm 2r/\text{min}$，转速不等率为 5%，最大调频负荷为 6% 额定负荷，对应最大调频转速差为 9r/min（除去死区外，下同）。如前所述，汽轮机局部转速不等率决定了机组的一次调频能力，机组一次调频能力不稳定根本的原因在于汽轮机各调节汽阀开度下局部转速不等率差别过大。图 6-13 是上述典型设置下某 600MW 汽轮机的流量控制特性曲线，很显然该汽轮机流量控制特性曲线线性较差，下面以此为例进一步说明。

图 6-15 中，A 点为一次调频动作前机组运行的一个工况点，A1 点为机组响应 3r/min 调频转速时的工况点，A2 为机组响应 9r/min 调频转速时的工况点；B 点、B1 点与 B2 点情况相同。依据式（6-10），该机组在 A 点响应 3r/min 调频转速时，局部转速不等率为 1.43%，响应 9r/min 调频转速时，局部转速不等率为 1.34%；在 B 点响应 3r/min、9r/min 的调频转速，局部转速不等率分别为 3.33%、5.17%；而调节汽阀综合开度指令 78%～92% 之间的平均转速不等率为 2.15%。这一结果证明了前述观点，即汽轮机流量控制特性曲线线性较差时，调节汽阀各开度下的局部转速不等率差别较大，局部转速不等率有时会严重偏离平均转速不等率。

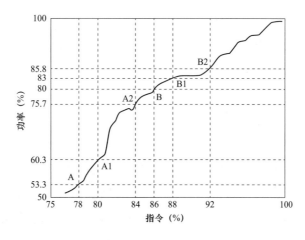

图 6-15 局部转速不等率对一次调频能力影响

另外，上述计算结果还表明，汽轮机的局部转速不等率与需要响应的电网频差大小有密切关系。就一次调频功能而言，电网频率变化往往快速到位，汽轮机调节汽阀开度需要阶跃式变化，因而基于电网频差来讨论汽轮机局部转速不等率更具有现实意义。

汽轮机局部转速不等率与电网频差相关，具体表现为即使调节汽阀在同一开度下，需要响应的电网频差不同时实际表现的局部转速不等率也会有差异。特别是当汽轮机流量控制特性曲线线性不好时，这一差异往往是巨大的。这也可以解释为什么机组在不同的电网频差下所表现出来的一次调频能力存在显著差距。图 6-16 为某 600MW 超临界汽轮机响应 3r/min 及9r/min 的调频转速时局部转速不等率随调节汽阀开度的变化曲线，图中实线为该汽轮机的流量控制特性曲线。调节汽阀接近全开时，机组的一次调频能力不足以满足理论上的要求，因而计算得到了局部转速不等率也会急剧变大。

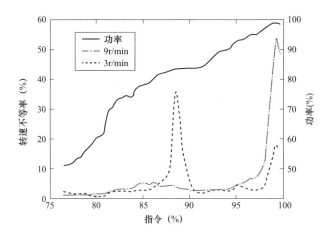

图 6-16　不同频差某汽轮机局部转速不等率变化曲线

该汽轮机 DEH 系统中一次调频功能按上述典型参数设置，机组按滑压方式运行。很显然，该汽轮机流量控制特性的曲线线性不佳，机组在调节汽阀综合开度指令 86％以下滑压运行时调频性能尚可，但易出现调节汽阀晃动、功率摆动现象；机组在调节汽阀综合开度指令 86％～91％之间滑压运行时调频能力较差，小频差时更是如此。对该机组进行流量特性试验，并优化配汽函数，重新计算局部转速不等率，结果如图 6-17 所示。

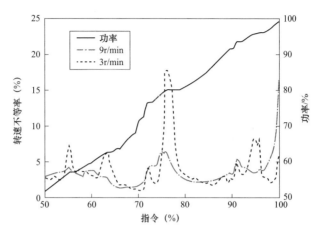

图 6-17　参数优化后局部转速不等率变化曲线

很显然，该汽轮机的配汽函数优化取得了明显效果，汽轮机局部转速不等率基本维持在 5% 附近。但综合流量指令在 78% 附近时，小频差下的局部转速不等率仍然明显偏离设定值 5%。经查，该点处于阀点位置，进一步优化难度较大。虽然如此，优化后机组在各负荷点调频性能均较好，调节汽阀晃动、功率摆动现象基本消失。

上述讨论结果说明：汽轮机转速不等率是影响机组一次调频能力最关键的因素；汽轮发电机组一次调频能力不稳定的根本原因是汽轮机各调节汽阀开度下局部转速不等率差别过大。汽轮机局部转速不等率与其调节汽阀开度、DEH 系统中设定的转速不等率以及需要响应的电网频差密切相关；汽轮机流量控制特性线性不佳时，相同的电网频差、不同的调节汽阀开度，局部转速不等率不同；相同的调节汽阀开度，不同的电网频差，局部转速不等率也不同。局部转速不等率实际上是个区间概念，具体数值可以通过计算得到。通过汽轮机流量特性试验和优化配汽函数，可以调整它的转速不等率，提高机组的调频性能。汽轮机转速不等率与机网协调性能密切相关，影响着电力系统的诸多方面，因此平时应加强参数管理与优化，确保电网与机组的安全稳定运行。

第七章

汽轮机及其
调速系统建模

大型电网一般由若干台并列运行的发电机组构成，就我国而言，从装机容量上看，汽轮发电机组在电网中占有绝对优势。汽轮发电机组与电网运行的安全性和控制性能相互影响，相互制约，而汽轮机调速系统是联系汽轮机组与电网的最重要的纽带。

　　这里所指的汽轮机调速系统是由汽轮机控制系统中与电网关系最为密切的那部分，整个汽轮机调速系统所表现出来的特性既与汽轮机控制系统的特点、控制方式、参数设置有关，也与机组自身的结构特点、设备型式、运行参数有关。每一台汽轮机的调速系统均可以用一系列的数学模型来描述，每一个数学模型中均有若干个特征参数来表明其特点。准确掌握每一台并网机组调速系统的数学模型与特性参数是涉网参数管理的重要组成部分，也是建设坚强、智能电网的基础性工作之一。

　　针对不同结构、不同型式的汽轮机组，一般均能找到与之相对应的数学模型。但其中特征参数则需要通过现场试验间接获取，具体做法是：根据想要获取的特征参数，设计特定的试验条件，获得相应现场实测数据，然后结合研究对象的数学模型，通过特定的工具进行参数辨识，从而得到相关特征参数。这一工作过程一般称为"调速系统建模"。

第一节　汽轮机及其调速系统模型

　　汽轮发电机组在大部分运行时间内均采用协调控制（CCS）方式。CCS协调控制功率与压力，分别向汽轮机及锅炉发送负荷指令和燃料指令。在频率发生变动时，在原负荷指令上叠加一个频率产生的修正指令，以适应一次调频的要求；DEH侧也接受转速指令，在阀门管理程序及流量指令程序中叠加一个开环的流量指令，以响应外界频率的变化，利用锅炉蓄热能力快速改变汽轮机的机械功率。燃料量进入锅炉后，使主蒸汽压力发生变化以补充锅炉蓄热。图7-1为汽轮发电机组的总体控制示意图。

　　汽轮机调速系统建模与仿真工作多依靠电力系统仿真分析软件BPA进行。它通过对汽轮机调速系统进行抽象简化，抓住主要因素，忽略次要因素，得出

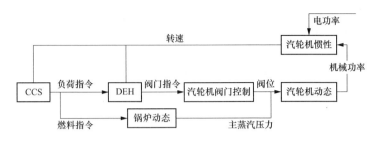

图 7-1 汽轮发电机组的总体控制示意图

与实际情况较为符合的整套模型。BPA 中，汽轮机及其调速系统主要由四个模型组成，即控制系统模型、执行机构模型、汽轮机模型和主蒸汽压力模型。

一、控制系统模型

控制系统模型对实际的汽轮机调速系统控制进行抽象、简化，可以模拟功率闭环控制/一次调频以及一些系统中的延时和限速等环节，具体如图 7-2 所示。

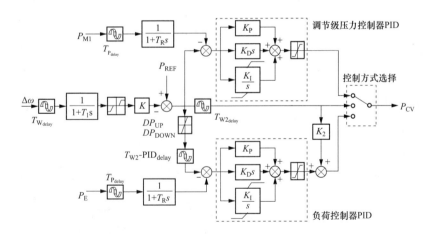

图 7-2 控制系统模型

T_{Wdelay}—转速测量延迟时间；T_1—转速测量时间常数；K—转速放大系数；P_{ref}—功率设定值；

P_{M1}—调节级压力；P_E—电功率；T_{Pdelay}—功率或调节级压力测量延迟时间；

T_R—功率或调节级压力测量时间常数；K_P—功率或调节级压力比例系数；

K_D—功率或调节级压力微分系数；K_1—功率或调节级压力积分系数；$T_{W2delay}$—控制系统前馈回路延时；

K_2—前馈系数；DP_{UP}—上升速率；DP_{DOWN}—下降速率；T_{W2}-PID_{delay}—PID 回路延时时间常数

二、执行机构模型

执行机构模型在对汽轮机伺服控制机构（包括伺服控制卡、伺服阀、油动机、调节汽阀等对象）抽象简化后，可以模拟执行机构在大、小阶跃情况下的动态特性，具体如图 7-3 所示。

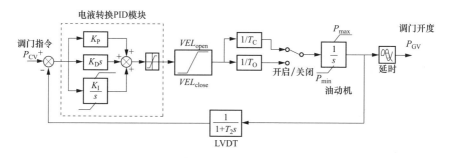

图 7-3　执行机构模型

K_P—比例系数；K_D—微分系数；K_I—积分系数；VEL_{open}—开启速率上限；VEL_{close}—关闭速率下限；

T_C—关闭时间常数；T_O—开启时间常数；T_2—位移反馈时间常数；LVDT—线性可变差动变压器，

直线位移传感器；P_{max}—最大可控功率；P_{min}—最小可控功率

三、汽轮机模型

汽轮机模型可以模拟汽轮机蒸汽容积环节、功率方程和高压缸过调效应等，具体如图 7-4 所示。

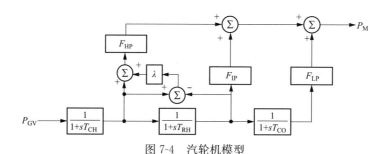

图 7-4　汽轮机模型

T_{CH}—高压缸时间常数；T_{RH}—再热器时间常数；T_{CO}—连通管时间常数；λ—高压缸过调系数；

F_{HP}—高压缸做功比例系数；F_{IP}—中压缸做功比例系数；F_{LP}—低压缸做功比例系数；

P_{GV}—调节阀开度；P_M—机械功率

四、主蒸汽压力模型

主蒸汽压力模型考虑了主蒸汽管道的压力流量特性，汽包或锅炉汽水系统的特性，可模型主蒸汽压力在扰动后的动态变化过程，具体如图 7-5 所示。

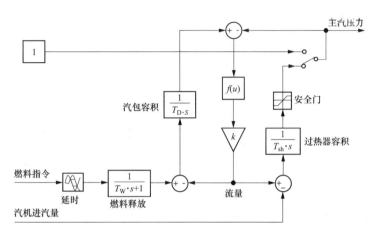

图 7-5　主汽压力模型

T_W—燃料释放时间常数；T_D—汽包蓄热时间常数；T_{sh}—过热器容积时间常数；

k—管道比例系数；$f(u)$—将汽包压力与主汽压力之差转换为流量的函数

第二节　汽轮机调速系统建模试验方法

在确定汽轮机模型的基础上，主要通过试验的手段获得模型中的参数。DL/T 1235—2013《同步发电机汽轮机及其调节系统参数实测与建模导则》对汽轮机调速系统建模工作提出了详细的要求。

一、调速系统建模的基本原则与要求

调速系统建模的基本原则如下：

（1）对控制系统、执行机构和汽轮机应分环节建模、分环节测试以及分环节辨识。

（2）应进行汽轮机及其调节系统的闭环控制方式（如汽轮机功率闭环方式、协调控制方式等）的频率阶跃扰动试验，作为评价汽轮机及其调节系统模型参数正确性的依据。

（3）不计建模对象中的离散性，将其离散控制系统考虑为连续控制系统。

（4）应在静态试验中进行调节系统、执行机构的实测建模。

（5）应在负载试验中进行汽轮机的实测建模，试验工况应包括 80％额定负荷及以上的典型工况。

（6）汽轮机的模型参数实测应在调节系统功率开环状态下进行。

（7）应分别验证控制系统、执行机构、汽轮机等各部分模型参数辨识结果，仿真结果与实测结果的误差应满足要求。

（8）汽轮机及其调节系统各部件应满足相关标准规定的要求，静态试验应在完成调节系统验收后进行，负载试验应在一次调频试验合格后进行。

（9）应根据实际情况采用频域测量法或时域测量法。

（10）汽轮机及其调节系统模型的各种系数采用标幺值表示，时间常数单位为"秒"。

上述标准中，对汽轮机及其调速系统建模工作还提出了以下明确要求：

（1）根据制造厂提供的资料，按照汽轮机及其调节系统的实际功能块组成来构建初始模型。

（2）通过汽轮机及其调节系统参数实测及辨识，对初始模型进行补充与修正，建立与实际特性一致的实测模型。

（3）在指定的电网稳定计算程序中选择与实测模型结构一致的常见模型，经过仿真校核可得到计算模型。

（4）汽轮机及其调节系统的计算模型参数应经过电力系统专用计算程序（如 PSD-BPA、PSASP 等程序）校验，仿真结果与实测结果的误差应满足要求。

（5）当在电力系统专用计算程序中无法选择出满足要求的模型时，可要求计算程序提供商增加新的模型，或利用程序的用户自定义功能建立新的模型。

（6）建模报告应提供电力系统稳定计算用汽轮机及其调节系统模型的选用结果及其模型参数，并提供仿真曲线与实测曲线的对比结果，给出误差指标，误差应满足要求。

二、汽轮机调速系统建模试验

现场试验分为静态试验与负载试验。静态试验要求机组停运，过热器及再热器管道无汽压，且允许高压调节汽阀进行开关。负载试验要求：①机组能正常带负荷运行，且负荷在80％额定负荷以上；②一次调频试验合格，且性能符合标准要求；③机组可在 DEH 阀控方式以及协调方式运行；④机组按顺序阀方式运行，汽轮机流量特性线性良好。试验所需要的信号如表 7-1 所示。

表 7-1　　　　　　　　　试验测试所需信号一览表

序号	测点名称	信号来源
1	频差	AO 输出
2	各高压调节汽阀开度反馈	伺服卡输出
3	总阀位指令	AO 输出
4	机组功率	变送器输出
5	主蒸汽压力	变送器输出
6	调节级压力	变送器输出
7	再热蒸汽压力	变送器输出
8	中排压力	变送器输出
9	CCS 协调指令	AO 输出

表 7-1 中试验信号均应接入高速数据采集仪进行采集，功率和压力信号通常选取现场变送器输出的 $4\sim20\text{mA}$ 信号并经标准 250Ω 电阻转换为电压进行采集。各信号采样周期应小于 0.01s。

现场试验的主要步骤如下：

1. 组态检查与资料收集

检查 CCS 和 DEH 系统中的相关组态，确认相关参数设置正常，对协调控制中的汽轮机主控和一次调频逻辑进行检查；收集逻辑组态中的限速、限幅、延迟环节参数，协调控制中所使用的 PID 具体计算方式以及 PID 参数含义；如果存在切换逻辑，应记录逻辑切换条件以及切换后的参数设置。记录 DEH 控制逻辑中阀门管理程序的相关参数。打印协调控制和 DEH 控制中的相关逻辑，以备查询。具体需要的资料见表 7-2。

表 7-2　　　　　　　　试 验 需 收 集 资 料 表

序号	参数名称	来源
1	DEH 和 CCS 页面处理周期	控制组态
2	一次调频死区	控制组态
3	转速不等率曲线设置参数	控制组态
4	汽轮机主控 PID 比例系数	控制组态
5	汽轮机主控 PID 积分系数	控制组态
6	汽轮机主控 PID 微分系数	控制组态
7	负荷控制前馈系数	控制组态
8	主蒸汽压力控制死区	控制组态
9	压力控制与功率控制的权重系数	控制组态
10	阀门管理程序中流量特性曲线设置	控制组态
11	高压缸功率比例	汽轮机热平衡图
12	中压缸功率比例	汽轮机热平衡图
13	低压缸功率比例	汽轮机热平衡图
14	DEH 控制系统生产厂家	说明书
15	CCS 控制系统生产厂家	说明书
16	汽轮机主控 PID 计算公式	控制说明书

2. 静态试验

静态试验主要包括 PID 环节的输入/输出特性测试、调节死区检查、执行机构大开度阶跃试验与执行机构小开度阶跃试验。

（1）PID 环节的输入/输出特性测试主要是检查协调方式下负荷控制 PID 中的控制参数，并进行测试以核对参数正确性。具体为：将 PID 中的积分系数强制为 0，强制 PID 的输入，观察 PID 的输出应为一阶跃曲线；将 PID 中的比例系数强制为 0，强制 PID 的输入，观察 PID 的输出应为一爬坡曲线；根据 PID 曲线的输出计算 PID 的比例系数和积分系数。

（2）调节死区检查主要是检查控制组态（包括 CCS 和 DEH）中的死区设置参数，并进行记录。

（3）执行机构大开度阶跃试验方法为：设置数据记录仪采样频率为1kHz，记录试验过程中各高压调节汽阀位移反馈信号的变化数据；通过控制组态强制高压调节汽阀的开度指令为10％，使高压调节汽阀开启至10％，脱离阀座，稳定后强制高压调节汽阀开度指令为90％，使高压调节汽阀开启至90％，稳定后强制高压调节汽阀开度指令为10％，使高压调节汽阀关闭至10％。分别对各高压调节汽阀重复至少两次上述过程，一次用于辨识，一次用于校核。

（4）执行结构小开度阶跃试验方法为：设置数据记录仪采样频率为1kHz，记录试验过程中各高压调节汽阀位移反馈信号的变化数据；通过控制组态强制高压调节汽阀的开度指令为50％，使高压调节汽阀开启至50％，脱离阀座，稳定后强制高压调节汽阀开度指令为55％，使高压调节汽阀开启至55％，稳定后强制高压调节汽阀开度指令为50％，使高压调节汽阀关闭至50％。小阶跃试验的幅度约5％。分别对各高压调节汽阀重复至少两次上述过程，一次用于辨识，一次用于校核。

3. 负载试验

负载试验主要包括阀控方式下频率扰动试验和协调控制方式下频率扰动试验。试验前应将数据记录仪采样速率设置为不小于100Hz，自动记录转速偏差、总阀位指令、功率、主蒸汽压力、调节级压力、热再热蒸汽压力、中压排汽压力、各高压调节汽阀位移反馈等数据。

（1）阀控方式下频率扰动试验方法为：机组在80％额定负荷，阀门控制方式为顺序阀方式，汽轮机控制方式由协调控制方式切换为阀位控制方式；检查机组处于稳定工况，主蒸汽压力和功率已平稳，无明显的上升或下降趋势，强制一次调频的频差（不小于0.15Hz，相当于转速差为不小于9r/min），模拟电网频率变化，观察机组的负荷、主蒸汽压力、调节级压力、热再压力变化情况。试验需要维持120s以上，然后将频差恢复至零。通常需要进行负荷上升和下降两个方向的试验。

（2）协调控制方式下频率扰动试验方法为：机组在80％额定负荷，汽轮机阀门控制方式为顺序阀方式，机组控制方式为协调控制方式；待机组工况稳定后，检查主蒸汽压力设定值与主蒸汽实际压力偏差，功率设定值与实际功率的偏差，待两个偏差均已小于功率和压力调节死区后，强制一次调频的频差（不小于 0.15Hz），观察机组的负荷、主蒸汽压力、调节级压力、热再压力变化情况。试验需要维持 120s 以上，然后将频差恢复至零。同样也需要进行负荷上升和下降两个方向的试验。需要注意的是，每次试验时间不宜过长，否则对机组扰动过大，后续试验时工况稳定时间会偏长。

有条件的情况下，上述两项试验应在 80% 和 90% 额定负荷两个工况点分别进行，以保证参数辨识结果适用于机组正常运行的典型负荷区间。

第三节　汽轮机及其调速系统参数辨识

汽轮机调速系统建模试验中，主要采用阶跃扰动的方法对系统进行激励并记录响应，因此在实际的参数辨识过程中主要采用时域法进行系统参数的辨识。时域法是描述物理信号对时间的关系，在分析研究问题时，以时间作基本变量。

一、试验采集到的数据处理

现场试验数据一般通过高速数据采集仪进行数据采集，输出信号多为电流信号，需要通过电阻转换为电压信号，再根据测量信号的量程进行工程量转换，得到最终数据。受试验现场环境、硬件配置以及电子间内电磁干扰等诸多因素的影响，绝大部分实测信号夹杂了噪声，使用前需要进行去噪处理，以抑制信号的无用部分，还原原始信号。去噪声的方法很多，有根据控制系统理论的 FIR、IIR 等移动平均滤波、小波滤波等，本节介绍一种在汽轮机建模试验中具有较好去噪声效果的样条平滑去噪声方法，具体如下。

应用 Matlab 函数 csaps 可以有效去除信号的白噪声，其函数格式为

Sig＝casps(time，sig，param，time)

其中 param 可根据实际去噪声效果进行调节，其值通常在 0.9 与 0.9999 之间，参数值越接近 1，去噪声效果越差。图 7-6 为数据去噪声前后的对比。

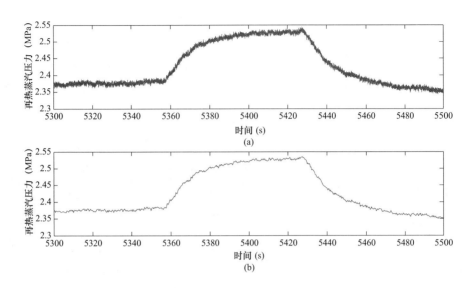

图 7-6　再热蒸汽压力数据去噪声效果图

（a）去噪声前；（b）去噪声后

二、参数辨识的数学方法

一般的数学优化算法均可用于参数辨识，如单纯形、最小二乘法、遗传算法等，其主要过程为：根据选定的汽轮机及其调速系统模型，给定参数的初始值，选择合适的常微分方程求解算法，如龙格库塔法；将试验的输入（如频率扰动信号等）加入模型进行仿真，获得仿真后的输出；设计一个损失函数，如实际输出与仿真输出的平方和函数，获得实际输出与仿真输出的偏差；采用优化算法，不断调整所需辨识的参数的数值，直至损失函数的数值小于所设定的阈值。

三、汽轮机及其调速系统参数辨识过程与方法

汽轮机调速系统具有多个中间变量，可利用输入输出关系进行分环节

辨识，以提高模型参数辨识的质量，减少整体辨识过程中的局部最小化的可能。

1. 执行机构的参数辨识方法

执行机构模型通常采用 BPA 中的 GA 模型结构，该模型中需要确定的参数有：电液转换器 PID 的比例环节系数 K_p、积分环节系数 K_i、微分环节系数 K_d，油动机反馈时间常数 T_2、执行机构的开启时间常数 T_o、执行机构的关闭时间常数 T_c、执行机构最大开启速度 VEL_{open}、执行机构最大关闭速度 VEL_{close}、汽轮机最大输出功率 P_{max}、汽轮机最小输出功率 P_{min}，其中 VEL_{open}、VEL_{close}、P_{max}、P_{min}、T_2 这 5 个参数一般取典型值。根据 GA 模型，当 GA 的输入变化较大时，通过 PID 放大作用后的输出超过了 VEL_{open} 或 VEL_{close} 的限制，PID 的比例和积分作用不起作用，为此执行机构的开启时间 T_o 与关闭时间 T_c 采用大阶跃数据进行辨识。求出执行机构开启和关闭时间常数后，将时间常数放入 GA 模型中，利用小阶跃开启和关闭的扰动数据对 PID 的比例和积分系数进行辨识。一般地，执行机构伺服卡中不采用微分控制。

通常，汽轮机调节系统包含多个调节汽阀，不同汽阀的时间常数并不太一致，由于试验负荷为 80% 额定负荷以上，建议选择在高负荷时主要参与调节的高压调节汽阀作为主要辨识对象，如此可与实际情况更为一致。

2. 汽轮机模型的参数辨识方法

在 BPA 中，汽轮机模型一般选用 TB 模型，其待定的参数主要包括：高压缸功率比例 F_{hp}、中压缸功率比例 F_{ip}、低压缸功率比例 F_{lp}、高压缸功率过调系数 λ、蒸汽容积时间常数 T_{ch}、再热器容积时间常数 T_{rh} 和连通管容积时间常数 T_{co}。其中，F_{hp}、F_{ip}、F_{lp} 可根据汽轮机组热平衡图中数据计算得到，而高压缸功率过调系数的理论计算值可由式（7-1）确定，即

$$\lambda = \frac{\varepsilon^2}{1-\varepsilon^2} + \frac{\kappa-1}{\kappa} \frac{\varepsilon^{\frac{\kappa-1}{\kappa}}}{1-\varepsilon^{\frac{\kappa-1}{\kappa}}} \qquad (7-1)$$

式中：ε 为调节级压力与高压缸排汽压力之比；κ 为过热蒸汽等熵（又称绝热指数）。

需要说明的是，由式（7-1）计算得到的高压缸功率过调系数的理论值只能作为参考，实际应用中还应结合试验过程曲线的特点通过辨识最终确定。

再热器时间常数 T_{rh} 的辨识一般以调节级压力为输入，以再热器压力为输出，按一阶惯性辨识。连通管时间常数 T_{co} 的辨识一般以热再热蒸汽压力为输入，以连通管压力为输出，按一阶惯性辨识。

高压缸容积时间常数 T_{ch} 可以以高压调节汽阀开度变化为输入，以调节级压力为输出，按一阶惯性环节进行辨识。实际应用中，由于测量调节级压力的压力变送器具有较大的测量惯性和延迟，而 T_{ch} 典型值一般在 0.3s，常导致所辨识的 T_{ch} 偏差较大。为此也可在 T_{rh} 和 T_{co} 确定以后，以高压调节汽阀开度变化为输入，以电功率为输出，对 T_{ch} 和 λ 同时进行辨识。

3. 主蒸汽压力模型的参数辨识方法

主蒸汽压力模型在 BPA 中一般选用 GK 模型，其主要参数有：汽包容积时间常数 T_d、过热器容积时间常数 T_{sh}、燃烧延迟时间 T_d、燃料释放时间 T_w、过热器管道流量系数 K。过热器管道流量系数 K 可以根据式（7-2）进行计算

$$K = \sqrt{\frac{p_t}{p_b - p_t}} \tag{7-2}$$

式中：p_b 为额定工况下汽包压力；p_t 为额定工况下主蒸汽压力。K 的典型值为 3。

T_d 和 T_{sh} 可采用汽轮机阀控试验时的主蒸汽压力变化曲线进行辨识求取。从图 7-7 可见，当汽轮机调节汽阀开度进行阶跃变化时，主蒸汽压力的变化呈两段变化，前面快速段的压力变化主要来源于过热器容积和管道压降的变化，后面呈直线变化段是受汽包蓄热的影响。通常调节级压力的变化可以代表主蒸汽流量的变化，因此以调节级压力为输入，以阀控方式下主蒸汽压力变化曲线为输出，可以辨识 T_{sh} 和 T_d 这两个时间常数。

由于锅炉燃料量变化到汽包压力开始变化之间的时间较长，考虑汽轮机动态特性时，可不考虑燃料量变化过程。

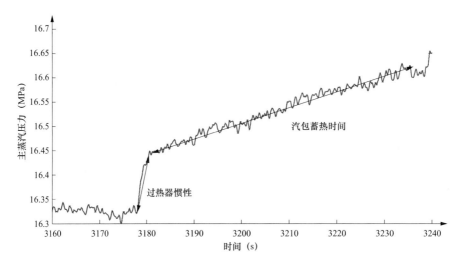

图 7-7 阀控方式下主蒸汽压力变化图

4. 汽轮机模型的仿真校核

根据 DL/T 1235—2013 要求，由上述过程获得的模型参数需要通过电力系统仿真分析软件 BPA 进行仿真校核。下面以某 600MW 汽轮机组的建模试验为例，介绍参数辨识与仿真校核的过程。

（1）执行机构动作特性测试。该机组的汽轮机配备了 4 只高压调节汽阀，选择高负荷下动作的高压调节汽阀 GV2 进行不同阶跃量的开大与关小试验，图 7-8 为测试时的录波图。

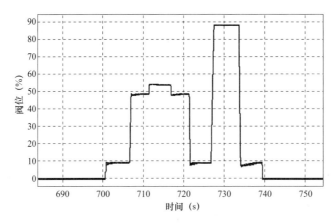

图 7-8 调节汽阀不同开度阶跃下试验录波图

（2）执行机构大阶跃仿真及辨识。通过对 GV2 阀门 10%～90% 阶跃试验数据辨识，可得阀门开启时间常数为 $T_o=0.95s$，关闭时间常数为 $T_c=0.50s$，具体试验录波如图 7-9、图 7-10 所示。

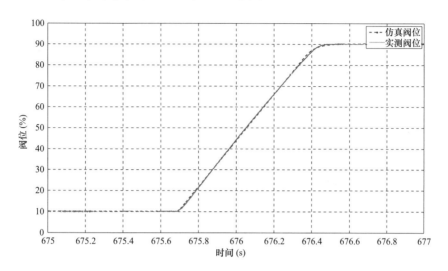

图 7-9　GV2 大扰动上阶跃试验录波图

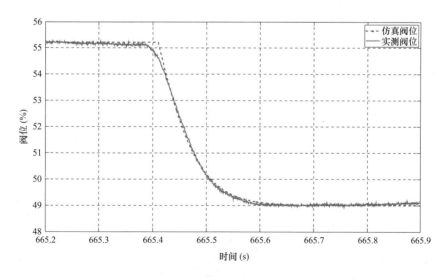

图 7-10　GV2 大扰动下阶跃试验录波图

（3）执行机构小开度动作特性测试。根据图 7-3 所示模型和辨识出的 $T_o=0.95s$ 和 $T_c=0.50s$，仿真 GV2 高压调节汽阀小开度阶跃结果如图 7-11、

图 7-12 所示。将仿真结果与实测结果对比，曲线基本吻合，关小过程执行机构比例系数取为 $K_p=11$，$K_i=2$。表 7-3、表 7-4 为 GV2 仿真结果的误差比较。

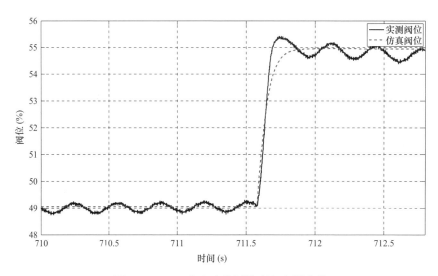

图 7-11　GV2 向上小阶跃仿真与实测曲线

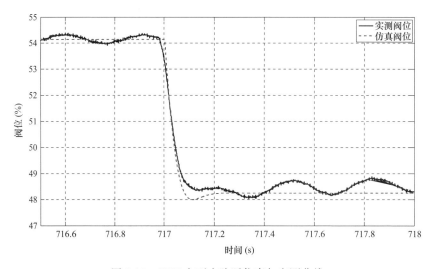

图 7-12　GV2 向下小阶跃仿真与实测曲线

表 7-3　　　　　　　　　GV2 向上小阶跃仿真结果的误差比较

品质参数	实测值	仿真值	误差	偏差允许值
上升时间（s）	0.11	0.15	0.04	±0.2
调节时间（s）	0.24	0.20	0.04	±1

表7-4   GV2 向下小阶跃仿真结果的误差比较

品质参数	实测值	仿真值	误差	偏差允许值
下降时间（s）	0.10	0.07	0.03	±0.2
调节时间（s）	0.13	0.11	0.02	±1

表7-3 和表7-4 为 DL/T 1235—2013 中对执行机构各项性能指标的要求，需要符合上升时间和调节时间的要求。其中，上升时间是指阶跃试验中，从阶跃量加入开始到被控量变化至 90% 阶跃量所需时间；调节时间是指从起始时间开始到被控量与最终稳态值之差的绝对值始终不超过 5% 阶跃量的最短时间。

（4）汽轮机模型辨识及校核。先进行再热器容积时间常数 T_{rh} 辨识。根据汽轮机调节级压力与试验测得的再热器出口压力，采用最小二乘法，辨识得到再热器容积时间常数 $T_{rh}=16.5s$。辨识结果如图 7-13 所示，可见仿真结果与实测比较接近。

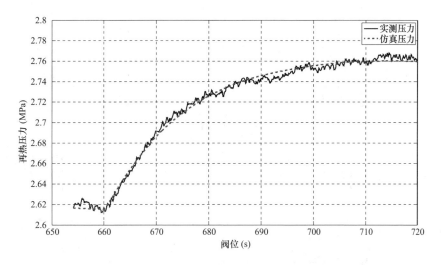

图 7-13 再热器时间常数辨识时仿真与实测曲线

再进行高压缸容积时间常数 T_{ch} 以及过调系数 λ 的辨识。结合上述结果，根据试验测得的阀位总指令和发电机组电功率，在 BPA 下进行开环方式校核，辨识得到高压汽室容积时间常数 $T_{ch}=0.2s$，高压缸功率过调系数

λ＝0.6。

在 BPA 中进行阀位阶跃仿真，得到结果如图 7-14～图 7-17 所示。对比可见，辨识得出的模型参数的仿真结果与实测结果基本一致。表 7-5、表 7-6 是阶跃试验中仿真功率的误差比较。

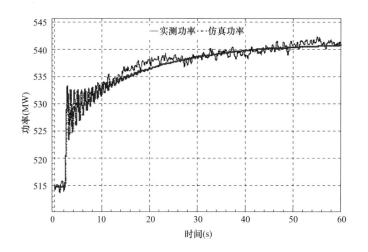

图 7-14 开环方式上阶跃试验时仿真与实测功率对比图

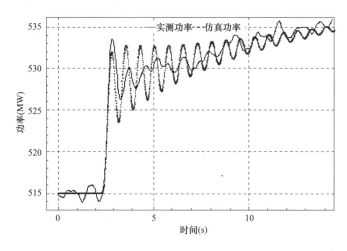

图 7-15 开环方式上阶跃试验时仿真与实测功率局部对比图

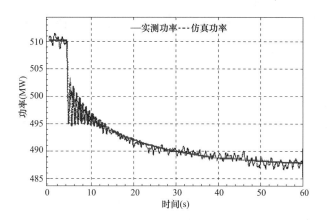

图 7-16　开环方式下阶跃试验时仿真与实测功率对比图

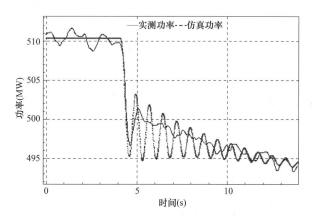

图 7-17　开环方式下阶跃试验时仿真与实测功率局部对比图

表 7-5　　　　　　　　　　上阶跃试验时仿真功率的误差比较

品质参数	实测值	仿真值	误差	偏差允许值
高压缸最大功率出力增量（MW）	18.4	17.0	1.4	±2.64
高压缸峰值功率时间（s）	0.51	0.49	0.02	±0.1
调节时间（s）	41	39	2	±2

表 7-6　　　　　　　　　　下阶跃试验时仿真功率的误差比较

品质参数	实测值	仿真值	误差	偏差允许值
高压缸最大功率出力增量（MW）	13.4	15.3	1.9	±2.21
高压缸峰值功率时间（s）	0.60	0.61	0.01	±0.1
调节时间（s）	38	37	1	±2

149

表 7-5 和表 7-6 中：高压缸最大功率出力增量是指在汽轮机阀控阶跃试验中，功率快速变化过程中达到的最大值减去初始功率的数值；高压缸峰值时间是指在汽轮机阀控阶跃试验中，从阶跃量加入到功率达到高压缸最大出力增量所需的时间；调节时间是指从起始时间起，到被控量与最终稳态值之差的绝对值始终不超过 5％阶跃量的最短时间。

5. 协调方式下模型的仿真与校核

完成汽轮机模型各项参数辨识和仿真后，需要将执行机构、汽轮机和控制系统模型结合起来，进行协调方式下的仿真与校核。

根据现场控制组态中配置参数计算一次调频死区、转速不等率、一次调频上限和下限。以该机组为例，DEH、DCS 侧一次调频功能死区按平均算 ±1.8r/min，则折算为稳定计算的频差死区为 $2\times1.8/3000=0.0012$p.u. 。转速放大倍数按照 9r/min 频差时的实际响应为 $K_1=20.9$。一次调频频差限制为 $(11-1.8)/3000=0.0031$。表 7-7～表 7-11 为该机组的汽轮机及其调速系统参数辨识结果，将其写到 BPA 中相应模型的卡中。

表 7-7　　　　　　　　　　　GA 卡应写入的数据

参数	单位	描述	数值
		卡的标记	GA
		发电机名	×××
	kV	发电机基准电压	20
		发电机识别码	—
P_e	MW	汽轮机额定输出功率（MW）	630
T_c	s	油动机关闭时间常数	0.50
T_o	s	油动机开启时间常数	0.95
VEL_{close}		过速关闭系数	−1
VEL_{open}		过速开启系数	1
P_{MAX}		最大汽轮机输出功率（油动机最大行程或调节汽阀最大开度）	1.0
P_{MIN}		最小汽轮机输出功率（油动机最小行程或调节汽阀最小开度）	0
T_1		油动机行程反馈环节（LVDT）时间	0.02
K_p		比例放大倍数	11
K_d		微分倍数	0
K_i		积分倍数	2
INTG_MAX		积分上限	1
INTG_MIN		积分下限	−1
PID_MAX		输出上限	1
PID_MIN		输出下限	−1

表 7-8 GA＋卡应写入的数据

参数	单位	描述	数值
		卡的标记	GA＋
		发电机名	×××
	kV	发电机基准电压	20
		发电机识别码	—
PGV_DELAY	s	功率输出信号的纯延迟时间	0

表 7-9 GJ 卡应写入的数据

参数名	单位	描述	数值
		卡的标记	GJ
		发电机名	×××
	kV	发电机基准电压	20
		发电机识别码	
T_1	s	转速测量环节时间常数	0.02
ε		转速偏差死区	0.0012
K_1		转速偏差放大倍数	20.9
		控制方式选择	3
K_p		PID 比例环节倍数	0
K_d		PID 微分环节倍数	0
K_i		PID 积分环节倍数	0.3
INTG_MAX		PID 积分环节限幅上限	1
INTG_MIN		PID 积分环节限幅下限	−1
PID_MAX		PID 输出限幅环节的上限	1
PID_MIN		PID 输出限幅环节的下限	−1
K_2		负荷控制前馈系数	0.75
		一次调频负荷上限	0.0031
		一次调频负荷下限	−0.0031

表 7-10 GJ＋卡应写入的数据

参数	单位	描述	数值
		卡的标记	GJ＋
		发电机名	×××
	kV	发电机基准电压	20
		发电机识别码	—
T_{W_DELAY}	s	频率输入信号的纯延迟时间	0
T_{P_DELAY}	s	功率反馈信号的纯延迟时间	0
T_R	s	功率反馈信号对应的一阶惯性环节时间常数	0.12
T_{W_DELAY2}	s	频率信号放大后的纯延迟时间	0
$T_{W\_DELAY\_PID}$	s	频率信号放大后输入 PID 的纯延迟时间	0
DPup	p.u./s	频率信号放大后输入 PID 信号的上升速率限制	0.008
DPdown	p.u./s	频率信号放大后输入 PID 信号的下降速率限制	−0.03

表 7-11　　　　　　　　　　　　TB 卡应写入的数据

参数名	单位	描述	数值
		卡的标记	TB
		发电机名	×××
	kV	发电机基准电压	20
		发电机识别码	—
T_{ch}	s	蒸汽容积时间常数	0.2
F_{HP}		高压缸功率比例	0.3
T_{rh}	s	再热器时间常数	16.5
F_{IP}		中压缸功率比例	0.7
T_{co}	s	交叉管时间常数	1
F_{LP}		低压缸功率比例	0
λ		高压缸功率过调系数	0.6

最后，在 BPA 计算程序中进行仿真校验。仿真系统中发电机、励磁系统采用实际电网 BPA 计算数据。图 7-18、图 7-19 为 540MW 负荷时上阶跃（9r/min）试验仿真与实测结果的对比图；图 7-20、图 7-21 为 540MWW 负荷时下阶跃（9r/min）试验仿真与实测结果的对比图；表 7-12、表 7-13 为其误差比较。

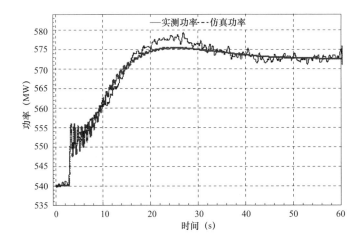

图 7-18　协调方式下 BPA 仿真结果与实测曲线长时对比

（540MW，上阶跃 9r/min）

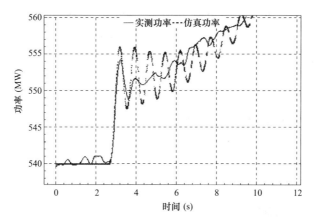

图 7-19 协调方式下 BPA 仿真结果与实测曲线短时对比（540MW，上阶跃 9r/min）

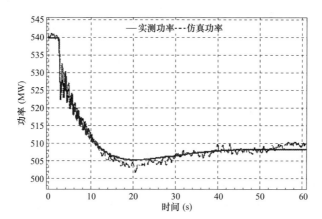

图 7-20 协调方式下 BPA 仿真结果与实测曲线长时对比（540MW，下阶跃 9r/min）

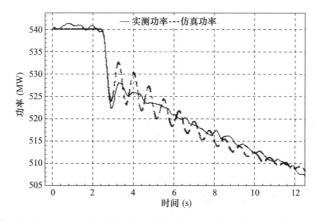

图 7-21 协调方式下 BPA 仿真结果与实测曲线短时对比（540MW，下阶跃 9r/min）

表 7-12   协调方式下 BPA 仿真结果与实测数据误差比较

(540MW，上阶跃 9r/min)

品质参数	实测值	仿真值	误差	偏差允许值
高压缸最大功率出力增量（MW）	14.2	15.9	1.7	±9.8
高压缸峰值功率时间（s）	0.62	0.59	0.03	±0.2
调节时间（s）	35	33	2	±2

表 7-13   协调方式下 BPA 仿真结果与实测数据误差比较

(540MW，下阶跃 9r/min)

品质参数	实测值	仿真值	误差	偏差允许值
高压缸最大功率出力增量（MW）	17.7	16.1	1.6	±9.4
高压缸峰值功率时间（s）	0.48	0.58	0.1	±0.2
调节时间（s）	32	32	0	±2

上述结果说明，在协调方式下，高压缸最大功率出力增量、高压缸峰值功率时间以及调节时间这三项内容的仿真结果也需要满足标准规定要求。

第四节　汽轮机及其调速系统参数辨识软件

为了做好汽轮机及其调速系统建模与仿真工作，国网浙江省电力有限公司电力科学研究院开发了"汽轮机及其调速系统建模参数辨识软件"。该软件基于 Matlab/Simulink 为平台，针对汽轮机及其调速系统建模试验中所涉及的模型，实现了参数的自动辨识和仿真。图 7-22～图 7-25 为该软件的主要界面。

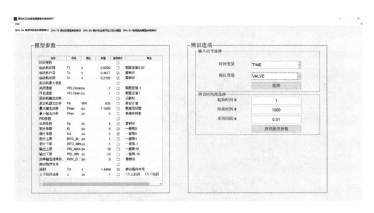

图 7-22　GA 模型辨识界面

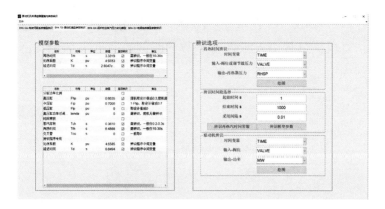

图 7-23　TB 模型辨识界面

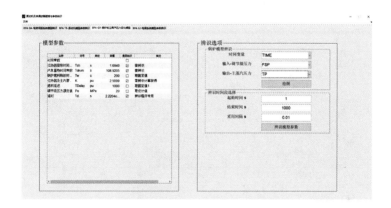

图 7-24　GK 模型辨识界面

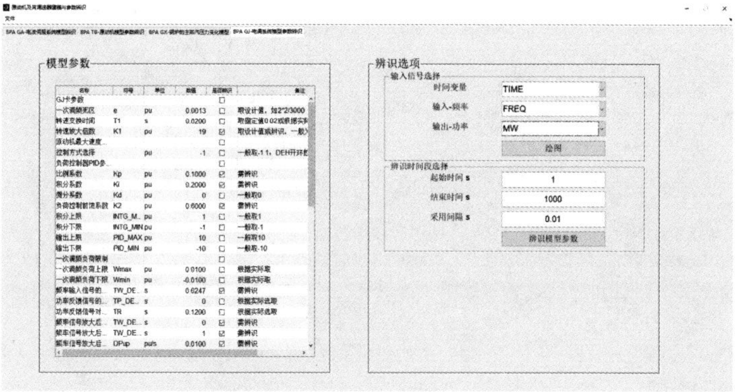

图 7-25　GJ 模型辨识界面

该软件通过专用的计算程序，对试验数据进行降噪处理与仿真辨识，可以减少仿真校核过程中人工调整参数的时间，降低人为干扰因素，并获得高精度的模型参数，提高工作效率。

第八章

汽轮机转速飞升抑制与汽门快控

第一节 汽轮机转速飞升抑制与涉网超速事件

一、汽轮机转速飞升抑制的必要性

大型汽轮机是热力发电厂最重要的旋转设备，出于安全、稳定运行的需要，汽轮机的转速时刻都要处于可控的范围内，因此，在汽轮机发展的各个阶段防超速措施都是必不可少的，其中汽轮机脱网瞬间的转速飞升抑制技术尤为重要。尽管如此，大型汽轮机的超速事故仍时有发生，造成机组损坏、甚至报废。2011年，国外某电厂一台600MW机组做超速试验时发生超速，各种保护失灵，且负责现场进行手动打闸的人员不在岗位，汽轮机转速在十几秒内就从3000r/min飞升到4250r/min，厂房屋顶被飞出的叶片与轴打穿，造成整台机组报废，损失巨大。国内近年来虽未发生恶性汽轮机超速事故，但转速瞬间失控飞升的情况仍时有发生，存在较大的超速隐患。

2014年，国家能源局发布了新修订的《防止电力生产事故的二十五项重点要求》（简称新《二十五项反措》），其中将原《二十五项反措》中"防止汽轮机超速和轴系断裂事故"修改为"防止汽轮机超速事故""防止汽轮机轴系断裂及损坏事故"，将防止汽轮机超速条款单列，足以说明国家层面对汽轮机防超速技术的重视。新《二十五项反措》从运行参数、转速监测、超速保护、日常试验、设备改造等17个方面对如何有效防止汽轮机超速做了明确的规定。尽管如此，实际生产中汽轮机防超速工作仍然存在有章难依的情况。典型的有：

（1）新《二十五项反措》中8.1.1条明确要求，在额定蒸汽参数下，调节系统应能维持汽轮机在额定转速下稳定运行，甩负荷后能将机组的转速控制在超速保护动作转速以下。但甩负荷试验本身就是一个风险较大的过程，而未通过实际的甩负荷试验，又很难判断调节系统是否满足这一要求。

（2）新《二十五项反措》中8.1.9条明确要求，汽轮发电机轴系应安装两套转速测量装置，并分别装设在不同的转子上。这一条是针对国内外多个汽轮机发生转子断裂后、因参与控制的转速信号安装处转子失去动力、没有出现转速升高，汽轮机阀门没有及时关闭而造成的另外一部分转子严重超速的事故而提出来的。但近年来大量投产的某型式超超临界汽轮机，其6只转速信号全部安装在汽轮机二号轴承（靠中压缸侧）处，与新《二十五项反措》的要求不符，且整改困难。

（3）新《二十五项反措》中8.1.17条规定：要慎重对待调节系统的重大改造，应在确保系统安全、可靠的前提下，进行全面、充分的论证。这只是个原则性的规定，未明确规定改了什么东西可以看作调节系统的重大改造，通过软件稍微改动就可以实现的转速飞升抑制功能的修改是否属于重大改造，类似问题操作起来主观性较强。实际上，国内近年来发生的多起汽轮机超速相关的事件，不少都与调节系统改造相关。

在国内，汽轮机超速事故的分类一般规定为：转速在调速系统动态特性允许的飞升范围内称正常的转速飞升，一般为3210～3300r/min以下；超过危急保安器动作转速至3600r/min为事故超速，大于3600r/min为严重超速。较早统计资料表明，国内因超速发生的多起毁机事故中，50%为严重超速，35%为事故超速。这些事故多数与各种故障造成汽轮机脱网密切相关，即这些事故发生时汽轮机脱网瞬间转速飞升抑制功能没有正常发挥作用。

对于并网运行的大型汽轮机组来说，正常并网运行期间发生超速的可能性较小，除非发生严重的外部电网故障，导致机组脱网或出现小网运行的工况。从众多实际案例看，如果相关故障判断逻辑设计正确、执行正常、汽轮机调节汽阀正常动作，电网故障或汽轮机脱网，基本不会导致汽轮机发生超速事故。如前所述，汽轮机的转速时刻都要处于可控的范围之内，准确快速是对汽轮机数字电液调节控制系统最基本的要求。但是在外部电网故障或汽轮机脱网的瞬间，汽轮机转速飞升能否得到可靠抑制，取决于以下方面是否被精确设计并正确执行：①电网故障判断是否准确；②DEH

控制器的响应速度；③调节汽阀关闭的速度；④汽轮发电机组的转动惯量；⑤主汽阀的关闭速度；⑥阀门的严密程度。基本上可以认为，并网机组一旦出现电网故障或机组脱网的情况，汽轮机是否发生超速只取决于预先设计的程序是否正确执行、设备质量是否过硬，人为干预的可能性几乎没有。从这个角度讲，在电网故障或机组脱网瞬间，汽轮机的转速是"失控"的。从近几年国内出现的实例看，因汽轮机转速飞升抑制功能误动或拒动而导致的汽轮机调节汽门快关甚至机组解列的事件时有发生。

二、几起典型的汽轮机涉网超速事件

如前所述，并网运行汽轮机脱网瞬间失控转速飞升的超速事件均与电网相关。大容量机组出线故障等问题造成功率无法送出，机组甩负荷，过剩的能量会使汽轮发电机组加速，对汽轮机组是很大的冲击。此时如果汽轮机转速飞升抑制功能动作不正常，可能会产生严重后果。

1. 电气设备故障引起的汽轮机事故超速

某 660MW 超临界空冷汽轮机组 750kV 线路保护动作，发电机—主变压器出口断路器分闸，导致运行机组突然脱网甩掉全部负荷，发电机故障跳汽轮机保护未动作，在超速控制功能（OPC）与电超速保护功能（OPT）保护均按设计正常动作、汽门快速关闭的情况下，汽轮机转速在 3s 内由 3000r/min 飞升到 3465r/min。

事后查明，此次事故超速的原因是：电气电流互感器（TA）故障，造成零序过流保护动作，出口断路器跳开，造成机组甩负荷。设计的逻辑中，当线路保护动作后经 2.5s 延时才触发电跳机保护，致使电跳机功能未能起到应有作用，主汽阀只在 OPT 保护动作后才快速关闭，甩负荷瞬间汽轮机内仍进入了额定的蒸汽量冲动转子，由此引发了事故超速。

2. 发电机失步保护设计不正确造成汽轮机事故超速

某发电厂一台 300MW 亚临界机组在进行机组最大出力试验时（有功出力 330MW，无功出力 10MW），汽轮机组突然跳闸。经检查汽轮机危急保安器动作（动作转速为 3268r/min），汽轮机跳闸并联跳发电机，同时发电机失磁保护动作。事后查明，事件的起因是发电机励磁回路硅整流器交流侧开关机械过流保护误动，造成发电机失磁而异步运行，汽轮机转速飞升到 3268r/min 时危急保安器动作使机组跳闸，汽门快速关闭，汽轮机最高转速到 3422r/min。

分析认为，造成此次事故超速的最主要原因是：原发电机失步保护逻辑设计不合理，发电机失磁引起转速飞升时并未联动跳汽轮机，而是等待汽轮机转速飞升到超速保护动作值时才快速关闭汽阀。在汽阀关闭的过程中，汽轮机转速仍然会快速飞升，结果导致超速。

3. 对端变电站跳闸造成汽轮机转速飞升并跳机

某电厂发生了对端变电站突然跳闸。具体情况为：该电厂 3 台 600MW 机组（机组编号为♯3、♯4、♯5），发电机出口设置了断路器，经主变压器连接至 500kV 系统，厂内升压站主接线形式为 3/2 接线，3 台机组设 2 个完整串，1 个不完整串，经两条同杆架设的双回线路送至对端变电站。事发时，♯4 发电机变压器组检修 5021、5023 断路器分闸，♯3 主变压器倒送电，机组停运、♯5 发电机变压器组及甲、乙线正常运行；对方变电站两条线路先后对地放电形成永久性故障，造成两条线路同时跳闸，机组突然甩负荷，整个电厂输出断面功率突然为零，500kV 升压站全站失压。线路跳闸后，♯5 机组汽轮机汽门快控功能动作 4 次，转速在动作过程中出现两个波峰，第一个波峰最大转速为 3131r/min，第二个波峰最大转速为 3107r/min。在汽门快控功能动作后，EH 油压（母管）从 13.95MPa 逐渐下降，备用 EH 油泵 A 联启后 EH 油压继续降低，最后 EH 油压低保护动作，机组跳闸。幸运的是，事发时 3 台 600MW 机组只有一台机组在运行，未造成严重后果。

4. 660MW 汽轮机甩负荷试验时汽轮机事故超速

某电厂 660MW 机组甩 50% 额定负荷试验时，汽轮机转速最高飞升到 3098r/min，但在进行甩 100% 额定负荷试验时，汽轮机转速最高飞升到 3320r/min，超速保护动作。该机组汽轮机为上海汽轮机有限公司生产制造的 N660-27/600/600 型超超临界汽轮机，DEH 系统采用艾默生公司的 Ovation控制系统，液压部分采用高压抗燃油的电液伺服控制系统。

事后检查确认：甩100％额定负荷试验时，发电机解列信号发出到汽轮机调节汽阀开始关的时间过长是造成此次汽轮机事故超速的主要原因。发电机解列信号发出后，汽轮机甩负荷的控制逻辑如图8-1所示，其中DropN/M指逻辑所在站/页。

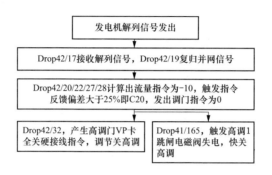

图 8-1 汽轮机甩负荷后控制逻辑

C20通过网络通信（Drop 42通信到Drop41），再经过Drop 41/165的运算后发出指令的时间，因与控制器、网络通信负荷相关，有一定随机性，因此修改通信速率前传输时间在80～85ms之间浮动。该DEH的站间通信点扫描周期有快速和普通两种，甩负荷试验时，C20的通信设置是普通。改为快速周期后又进行了多次模拟试验，发现从C20发出到速关阀动作的时间稳定在120～170ms。分析原因可能与甩负荷时处理器的瞬时负荷及网络通信状况有关，这种变化是随机不可控的。甩负荷时机组工况不同，调节汽阀开始关闭和开始速关的时间偏长且随机变化，这几种因素结合起来造成了甩负荷试验结果的随机性。这也是甩50％额定负荷时转速飞升正常，而甩100％额定负荷时转速飞升过高的根本原因。

以上实例可以说明：

（1）机组高负荷时脱网，如果调节汽阀不快关，只是依靠主汽阀在超速保护动作时快关，那么汽轮机转速飞升很容易达到3450r/min，发生事故超速。

（2）机组未脱网，如果转速飞升抑制功能误动导致调节汽阀快关，会给机组带来巨大的扰动，极可能因此而停运。

（3）电网故障或者机组脱网甩负荷瞬间，汽轮机的转速飞升是难以临时人为控制的，所能做的只能是严谨的程序控制。因此，快速而准确是对汽轮机转速飞升抑制功能的基本要求，通俗来讲，就是"既要防止拒动，又要防止误动"。

需要说明的是，广义上讲汽轮机防止超速方式多种多样，从机务角度看，有防止汽阀卡涩、保证汽阀快速关闭；从控制角度讲，有保证信号可靠、确保设备正确动作；从设计角度讲，有专业考虑全面、确保逻辑合理；从运行角度讲，有加强参数监视、确保操作无误；从管理角度讲，有加强缺陷管理、防止设备带病运行等。前述新《二十五项反措》也正是综合考虑了以上各个方面的因素后制定的。如前所述，在机组脱网瞬间，汽轮机的转速是"失控"的，此时的转速飞升抑制措施显得尤其重要。因此，本书所讨论的内容只是汽轮机防止超速措施的一部分，即指外部电网故障或机组脱网瞬间汽轮机的转速飞升抑制功能。为叙述方便，本书将其统称为汽轮机转速飞升抑制功能。

第二节　汽轮机转速飞升抑制功能

国内主流汽轮机控制系统中，汽轮机防超速功能的设计主要有甩负荷预测（load drop anticipation，LDA）功能、功率—负荷不平衡（power-load unbalance，PLU）功能以及负荷瞬时中断控制（KU）或长甩负荷（LAW）功能。就国内三大汽轮机厂 300MW 及以上容量的汽轮机配套 DEH 看，东汽机组多采用 PLU 功能，上汽与哈汽机组多采用 LDA 功能，近年来投产的上汽-西门子型超超临界汽轮机多采用 KU 与 LDA 功能。

一、LDA 功能及其失效案例

1. 典型 LDA 功能设计

LDA 功能一般借助汽轮机超速控制（overspeed protection control，

OPC）功能试验。OPC 功能动作时，OPC 电磁阀失电动作，汽轮机所有调节汽阀快速关闭。在此基础上，典型的 LDA 功能设计为以下两个措施同时使用：

（1）机组解列瞬间，如果此时中压缸排汽压力大于 30％额定值，OPC 动作 2s，高压调节汽阀和中压调节汽阀同时关闭，高压调节汽阀在汽轮机转速降到额定转速以下时开启，中压调节汽阀在首次 OPC 动作后再延时 2s 后开启。以上所述的时间可以进行优化。

（2）转速超过 103％额定转速时，OPC 动作，转速降到 102％额定转速以下时，OPC 恢复，如此可能反复多次，最终使汽轮机维持在额定转速。

图 8-2 为典型 LDA 功能甩负荷试验曲线，甩负荷瞬间过程大致可描述为：并网信号消失，转速飞升，10～50ms 后 OPC 功能动作，再过约 50ms 后高、中压调节汽阀开始快关。这一过程正确执行，可基本保证甩负荷后汽轮机不超速。

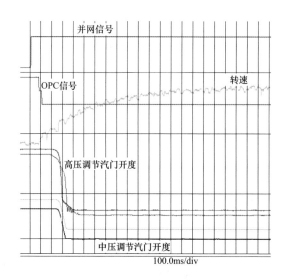

图 8-2　典型 LDA 功能甩负荷试验曲线

2. LDA 功能失效案例

某上汽 N600-16.7/537/537 型汽轮机，采用上海新华 DEH-IIIA 型数字式电液调节控制系统，应用 LDA 功能来抑制甩负荷后的转速飞升。在甩

50%负荷时，转速飞升到3151r/min，与同类机型相比明显偏高。图8-3为甩50%负荷瞬间过程曲线。

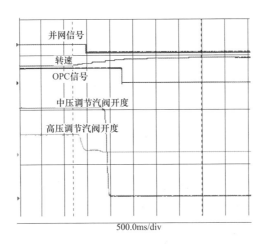

图 8-3　LDA功能失效时的甩负荷瞬间过程曲线

　　事后查明，造成上述异常的原因为因并网信号虚接，上述LDA功能中措施（1）未按设计要求动作，甩负荷瞬间高、中压调节汽阀未立即快关，而是在汽轮机转速上升到103%额定转速时OPC才动作。调节汽阀快关动作滞后，导致大量蒸汽进入汽轮机，造成甩负荷后飞升转速偏高。分析认为，图8-3中汽轮机转子开始飞升后延时约110ms高压调节汽阀开始关闭，是DEH系统中转速控制回路作用的结果。另外，一般OPC功能动作同时会设计将调节汽阀开度指令强制置为0的控制逻辑，通过伺服阀来关闭各调节汽阀。上述故障消除后，进行100%甩负荷试验，转速最高值为3158r/min，属正常范围。

　　无独有偶，某上汽600MW汽轮机在进行甩50%负荷试验时，转速最高飞升到3280r/min。事后查明，甩负荷试验过程中该汽轮机OPC功能没有动作，LDA功能完全失效，甩负荷后的转速只通过转速回路来调节，导致转速飞升过高。

　　以上两个案例说明：①DEH转速调节回路在抑制甩负荷后汽轮机转速飞升方面有一定作用，但不足以保证汽轮机不超速；②LDA功能正确动作可以确保甩负荷后汽轮机的转速飞升不超允许范围；③准确判断防超速功能触发时机是其被正确执行的前提条件。

二、PLU 功能及其失效案例

1. 典型 PLU 功能设计

PLU 功能是根据瞬间功率变化来判断机组是否甩负荷，并通过快关所有调节汽阀来实现对汽轮机甩负荷后超速的抑制，国内在东汽引进日立系列汽轮机上应用较多。PLU 功能一般与加速度限制（ACC）功能配合使用，来共同抑制汽轮机在甩负荷时转速飞升。典型设计如下：

（1）PLU 功能：再热器出口压力与发电机电流之间的偏差超过设定值并且发电机电流的减少超过 40％/10ms 时，功率—负荷不平衡继电器动作，迅速关闭汽轮机所有调节汽阀 3s，抑制汽轮机的超速。一段时间后，中压调节汽阀恢复由伺服阀控制，并最终维持汽轮机在额定转速。

（2）ACC 功能：当汽轮机转速大于 3060r/min、加速度大于 49（r/min）/s 时，加速度继电器（ACC RELAY）动作，快速关闭中压调节汽阀 2.5s，从而抑制汽轮机的转速飞升。

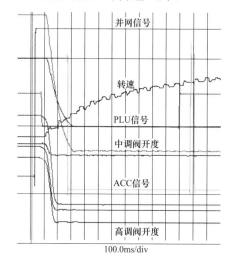

图 8-4 典型 PLU 功能甩负荷
瞬间试验曲线

图 8-4 为典型 PLU 功能甩负荷试验曲线，甩负荷瞬间过程大致可描述为：并网信号消失，转速飞升，30～50ms 后 PLU 功能动作，高、中压调节汽阀快关。这一过程正确执行，可保证甩负荷后汽轮机不超速。

2. PLU 功能失效案例

某东汽 N600-24.2/566/566 型汽轮机采用日本日立 HIACS-5000M 型 DEH 系统，采用 PLU 功能来抑制甩负荷后的转速飞升。在甩 50％负荷时，转速飞升到 3237r/min，明显偏高。图 8-5 为甩 50％负荷瞬间过程曲线。

事后查明，造成上述异常的原因为：因该机组♯2 中压调节汽阀快关电磁阀就地电源插头脱落，甩负荷试验时没有快关。甩负荷时的记录曲线正巧没有将♯2 中压调节汽阀接入，在事后为查找原因进行仿真试验时发现了这一问题。问题解决后，重新进行 50％甩负荷试验，最高转速 3079r/min；进行 100％甩负荷试验，最高转速 3192r/min；均在正常范围。

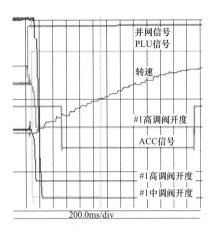

图 8-5　PLU 功能失效时的
甩负荷瞬间过程曲线

实际上，类似的机组在进行甩负荷试验时中压调节汽阀无法正常关闭的案例也发生过。一台日本东芝公司早期生产的 600MW 亚临界汽轮机在 DEH 改造后进行 100％甩负荷试验时，超速保护动作，最高转速到 3405r/min。事后查明为均压室内压力突降导致中压调节汽阀快关过程中存在开度反弹，从而使得汽轮机甩负荷后转速飞升过高。

以上案例充分说明：①汽轮机甩负荷试验要严格按规定要求分级进行，100％甩负荷试验必须在 50％甩负荷试验结果合格后进行；②甩负荷试验时，应将所有调节汽阀的开度信号接入快速记录仪；③调节汽阀的快速可靠关闭是防超速功能正常发挥作用的重要保证。

三、KU 和 LAW 功能及其失效案例

1. 典型 KU 和 LAW 功能设计

上海汽轮机厂引进的西门子超超临界汽轮机一般采用 KU 与 LAW 功能来完成对机组甩负荷后的转速飞升抑制，由 DEH 系统根据功率信号的变化判断是否发出 KU 或 LAW 信号。典型设计是以下两种情况下系统会发出 KU 信号：

（1）当前负荷为较高负荷（如 90％额定负荷）时，如果突然出现负荷

干扰大于负荷跳变限值 GPLSP（约 70％额定负荷）。

（2）当前负荷为较低负荷（如 60％额定负荷）时，则以下条件应同时满足：

1）实际负荷小于 2 倍厂用电；

2）负荷控制偏差大于 2 倍厂用电；

3）实际负荷大于负荷负向限值。

机组带负荷运行时，如果发生瞬时负荷中断，则负荷中断信号 KU 被送到转速负荷调节模件，使调节汽阀关小。如果在负荷扰动识别时间（一般为 2s）内，上述两种情况消失并回到正常状态，则系统不会发出甩负荷信号（LAW）；如果以上两种情况继续存在，则发出甩负荷信号，改变转速负荷调节模件的工作状态，使目标转速设定值、延时转速设定值维持在额定转速。

图 8-6 为典型 KU 与 LAW 功能甩负荷试验曲线。从多台机组的试验情况看，DEH 系统中的 KU 信号与 LAW 信号无法接入数据记录仪，试验过程未能记录到这两个信号，KU 与 LAW 功能动作情况可从高、中压调节汽阀动作情况推测。此时，甩负荷瞬间过程大致可描述为：并网信号消失，转速飞升，30～50ms 后调节汽阀开始减小，KU 功能动作，100～200ms 后，高、中压调节汽阀快关。

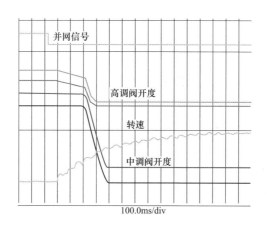

图 8-6 典型 KU 与 LAW 功能甩负荷瞬间试验曲线

2. KU 功能失效案例

某上汽—西门子生产的 660MW 超超临界汽轮机，DEH 系统采用 Ovation 公司设备，使用 KU 与 LAW 功能来抑制甩负荷后的转速飞升。在 50% 甩负荷时，转速飞升到 3126r/min，明显偏高。图 8-7 为该机组甩 50% 负荷瞬间过程曲线。

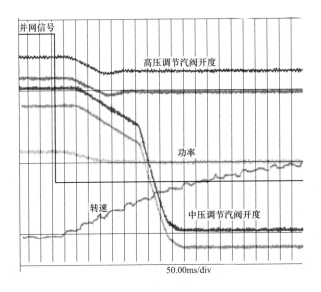

图 8-7　KU 功能失效时的甩负荷瞬间过程曲线

事后查明，造成转速飞升偏高原因为：甩负荷后，高压调节汽阀没有按设计要求快关。通过查看 DEH 历史记录发现，高压调节汽阀快关电磁阀没有接收到快关指令，其原因是 KU 功能触发、高压调节汽阀流量指令置最小值后，"高调节汽门流量控制指令与反馈偏差大于 40% 时触发快关" 这个条件在 50% 甩负荷试验时没有满足，而同类型机组该值一般设置为 25%，此处设置为 40% 明显偏大。将该值修改为 25%，进行 100% 甩负荷试验，转速最高为 3191r/min，与同类型机组基本一致。

另一台同类型机组 50% 甩负荷试验，转速最高值为 3098r/min，属正常范围，但 100% 甩负荷试验时，转速最高值为 3320r/min，汽轮机超速保护动作。事后查明，该机组 DEH 系统中调节汽阀快关触发逻辑页扫描周期模式是慢速，处理器负荷率和网络通信速度的随机性使得快关指令发出到电磁阀动作时间在 80～850ms 间随机变化，从而导致 50% 甩负荷试验结果正常，而 100% 甩负荷试验失败。该机组处理方法为：增加并网信号消失、高中压调节汽阀跳闸电磁阀失电 1s 逻辑，并将相关站间通信点的扫描频率由慢速改为快速。整改后多次测试，结果正常。

四、三种转速飞升抑制功能的区别

从功能上看，LDA、PLU、KU 三种方式最大的区别是：LDA 功能只能在并网信号消失后启动，在机组未脱网前汽轮机调节汽阀不会快关，除非汽轮机转速已经飞升到 OPC 功能动作转速以上；而 PLU 与 KU 功能启动时并不要求机组脱网，外部电网故障造成 PLU、KU 功能动作条件满足时它们就会启动。

KU 功能与 PLU 功能主要区别在于启动条件的判断标准不同：PLU 功能以电功率与机械功率不平衡为依据，低负荷时不会动作；而 KU 功能仅以电功率的跳变值为依据，在很宽的负荷范围内均有可能动作。PLU 功能原设计一般使用发电机三相电流来表征电功率，但 DEH 经过改造之后，多数机组会使用功率变送器直接输出电功率。国内已发生多起因该处功率变送器输出信息失真导致机组 PLU 或 KU 功能误动的事件。

对于大型汽轮发电机组来说，如果 LDA、PLU 或 KU 等转速飞升抑制功能故障判断正确、控制器响应迅速、逻辑执行到位、汽轮机汽门快关功能动作正常，并经过静态仿真试验验证，基本可保证甩负荷时汽轮机不会发生超速事故。需要指出的是，对一台汽轮机而言，根据机型特点与电网的要求从以上三种典型的转速飞升抑制功能中选择一种即可，冗余配置反而会增加误动的可能，改造机组尤其应注意这一问题。从实际结果看，在 DEH 控制系统改造或改型、汽轮机液压调节系统改造、防超速功能逻辑或定值修改、甩负荷前静态仿真试验未进行等情况下进行甩负荷试验，防超速功能失效事件多发。因此，应慎重对待 DEH 系统改造与定值修改工作，在甩负荷试验之前应通过静态试验对转速飞升抑制功能进行检查。

需要说明的是，从改善电力系统稳定性的角度讲，PLU 功能、KU 功能以及 ACC 功能也可以称为汽门快控功能。因为当外界电网故障时 PLU、KU 或 ACC 功能动作，可以瞬间减少机械与电功率的不平衡，从而改善电力系统的暂态稳定性，在一定程度上也可帮助机组成功转为孤网运行；当机组脱网时，PLU、KU 与 ACC 功能又可以用来抑制汽轮机转速飞升。

第三节　影响汽轮机转速飞升抑制功能的重要因素

汽轮机转速飞升抑制功能正常发挥作用，具有两层含义：一是正确动作，即在外部电网故障或机组脱网时，能有效抑制汽轮机的转速飞升；二是杜绝误动，即外部电网故障程度未达到汽轮机转速飞升抑制功能设计本意时，该功能禁止启动。在电网故障或机组脱网事件发生时，在汽阀可严密关闭的情况下，设计的汽轮机转速飞升抑制功能是否完全起到作用，关键看是否正确判断电网故障、是否快速启动该功能以及汽阀是否可靠动作。通过长期的理论研究和实际试验可知，汽轮机在脱网时动态最大转速飞升 $\Delta n_{\max}$ 一般可用式（8-1）估算，即

$$\Delta n_{\max} = \frac{n_0}{T_a}\varphi\left[T_v + \alpha_H\left(t_{H1} + \frac{t_{H2}}{2}\right) + \alpha_I\left(t_{I1} + \frac{t_{I2}}{2}\right) \right] \qquad (8-1)$$

式中：n_0 为甩负荷前初始转速；T_a 为转子飞升时间常数；φ 为脱网瞬间的负荷率；T_v 为蒸汽容积时间常数；α_H 为高压缸功率份额；α_I 为中低压缸功率份额；t_{H1} 为高压调节汽阀关闭滞后时间；t_{H2} 为高压调节汽阀纯关闭时间；t_{I1} 为中压调节汽阀关闭滞后时间；t_{I2} 为中压调节汽阀纯关闭时间。

正在运行中的汽轮机，其初始转速、转子飞升时间常数、蒸汽容积时间常数以及高、中低压缸功率份额都是确定的，而脱网瞬间的负荷率有一定的随机性，因此研究上述各因素对汽轮机转速飞升的影响，关键点是调节汽阀关闭的滞后时间与调节汽阀的纯关闭时间，这也是汽轮机汽阀快速关闭时间必须满足一定要求的重要原因。当然，根据以上描述，对于电网故障或机组脱网瞬间来说，汽轮机各调节汽阀的快速关闭起到十分关键的作用。而汽轮机各主汽阀的快速关闭可以看作是防止超速的第二道防线，

它与调节汽阀快速关闭的区别在于，调节汽阀快速关闭时汽轮机转速飞升的起点在额定转速附近，而主汽阀快速关闭时汽轮机转速飞升的起点在危急保安器动作转速（一般为110%额定转速）附近。如果调节汽阀未能有效控制转速飞升而依靠主汽阀关闭，就会大大增加汽轮机超速的风险。当电网故障或脱网事故发生时，汽轮机转速飞升抑制功能是否可以正常发挥作用，主要受以下四个方面因素的影响：

（1）电网故障判断是否准确。无论是 PLU 功能还是 KU 功能，都使用能表征机组实际电功率的发电机电流或功率信号，不同的是有的 DEH 使用硬件设备来实现对上述信号变化的判断，而有的 DEH 只使用普通的逻辑组态来完成上述信号变化的判断（至多是将该部分逻辑组态放置在快速扫描区）。从实际应用情况看，以日本日立公司 HIACS-5000 为代表的 DEH 系统中 PLU 功能使用发电机三相电流来判断电网故障以及汽轮发电机是否脱网，并且通过硬件的方式来实现这一功能，极少出现误动与拒动的情况，到目前为止还是十分可靠的。部分电厂对该 DEH 进行了改造，新的 DEH 系统无专门的 PLU 卡件，只好使用软件组态来实现上述功能，并使用电功率信号取代原来的发电机三相电流信号。这就带来了两个问题：①电功率信号准确性如何保证；②用来判断电网异常使用的功率变化定值如何设置。很显然，仅根据逻辑扫描周期的不同成比例放大原来定值的做法是错误的。

（2）调节汽阀动作的滞后时间。该时间是指从电网故障或汽轮机脱网逻辑判断成立到调节汽阀开始执行关闭动作之间的时间长度，即式（8-1）中调节汽阀关闭滞后时间。该时间与 DEH 控制器响应速度有关，对汽轮机转速飞升影响极大，实际有多台汽轮机发生超速均是由该滞后时间过长所致。这一时间与 DEH 系统本身软、硬件能力有关，也与事发时汽轮机转速飞升抑制功能的健康程度有关，如当时信号是否正常连接等。

（3）调节汽阀关闭的速度。此处的调节汽阀关闭速度包括两方面：一是调节汽阀的正常调节关闭速度；二是调节汽阀的快速关闭速度。对于前述 LDA、PLU 或 KU 功能，当电网故障或机组脱网时，如果当时功率变化不满足动作条件的要求，汽轮机会由负荷控制切为转速控制，在脱网瞬间 OPC 或电磁阀动作不会触发，调节汽阀由其伺服阀动作调节关小，此时如果调节汽阀关闭速度过慢，可能会造成汽轮机超速。同样，无论在脱网瞬间依靠哪种转速飞升抑制功能，确保调节汽阀快速关闭都十分重要，快关时间必须满足相关规定要求。然而实际运行时，调节汽阀快关受阻的问题还是不时地会发生。

（4）汽轮机组回热抽汽管道容积及抽汽止回阀关闭时间。为避免在甩负荷时汽轮机转速飞升过高，汽轮机的安全保护系统设置了多种隔离装置，在甩负荷发生时同步关闭汽轮机的调节汽阀以及抽汽管道上的止回门和电动门，以防止锅炉或管道上的蒸汽继续进入汽轮机。汽轮机组回热抽汽管道容积大小及抽汽止回门关闭时间大小对汽轮机甩负荷后的转速飞升有较大影响。

第四节　功率变送器对汽轮机转速飞升抑制功能的影响

汽轮机转速飞升抑制功能正确动作的前提是控制系统对电网故障的准确判断，其中有两个因素很关键，一是功率变送器测量可靠性，二是功率变化定值的合理性。由本章前述内容可知，无论是 KU 功能还是 PLU 功能，最重要的一条判据就是对机组负荷变化速度的判断，其中的关键测量仪器就是安装在发电厂电气设备侧的功率变送器。功率变送器的响应时间一般为 200~400ms，而电网故障或甩负荷时机组实际外送功率的变化过程一般为几十毫秒，显然此时功率变送器很难满足快速测量的要求。另外在 DEH 逻辑中，西门子 T3000 控制对功率值变化量的运算周期为 16ms，日立 HIACS-5000M 系统硬件逻辑中也使用了 10ms 这个快速的运算周期，显然响应时间为 200~400ms 的功率变送器无法胜任这个要求。然而，此类功率变送器在多数机组上使用，由此导致了多起汽轮机转速飞升抑制功能、汽门快控功能误动事件，有的造成全厂多台机组停运的后果，严重威胁电厂与电网的运行安全。

一、汽门快控误动事件

1. 汽门快控误动事件一

某发电厂共有 4 台上海汽轮机有限公司制造的 N1000-26.25/600/600 (TC4F) 型汽轮机，DEH 系统采用西门子 T3000 系统。某日 1 号、2 号和 3 号机组运行，4 号机组检修，运行机组当时负荷分别为 680、640、630MW。由于雷击，电厂出线 B 相发生接地故障，随后重合闸成功，电气录波数据显示为 B 相瞬时接地电流最大达 20510A，持续时间约 50ms。机组同步相量测量装置（PMU）中功率测量数据表明 1 号、2 号、3 号机组功率最低值分别为 450、430、410MW，但 DEH 系统中显示 1 号和 2 号机组负荷出现了大幅度波动，最低功率甚至到了负值，3 号机组负荷波动幅度较小。随后检查表明，1 号和 2 号机组 KU 功能动作，所有调节汽阀快关，随后缓慢开启，机组恢复正常运行，3 号机组 KU 功能没有动作，电网故障对其干扰很小。

2. 汽门快控误动事件二

某发电厂 9 号和 10 号汽轮机为东方汽轮机厂制造的 N300-16.7/538/538 型汽轮机，DEH 采用 OVATION 公司产品。某日 9 号和 10 号机组负荷分别为 288MW 和 290MW，因机械误碰，电厂出线发生 C 相接地故障，两次重合闸不成功，几乎同时 9 号和 10 号机组因 DEH 系统中 PLU 功能动作，所有调节汽阀快关，9 号机组锅炉发生主燃料跳闸（MFT），10 号机组发电机逆功率保护动作，均导致汽轮机跳闸。电气侧功率测量数据表明，故障时两台机组实际功率波动均没有超出 90MW，无法满足使 PLU 功能动作的"汽轮机机械负荷与电气功率的差值大于 40%"的必要条件，但 DEH 系统中却发出了 PLU 功能动作指令，最终导致机组停运。

3. 汽门快控误动事件三

某发电厂 3 号和 4 号汽轮机为上海汽轮机有限公司制造的 N660-25/600/600 型汽轮机，DEH 系统采用西门子 T3000 系统。某日 3 号和 4 号机组负荷分别为 383MW 和 379MW，由于雷击，电厂出线 B 相故障，766ms

后 3 号与 4 号机组零功率切机保护动作，两台机组跳闸，1050ms 后 B 相重合闸成功。事件顺序记录表明，3 号和 4 号机组零功率切机保护动作之前汽门快控（KU）功能动作。随后查明，B 相故障时，KU 动作之前两台机组电气侧功率波动很小，3 号机组最低只下降到 350MW，达不到 KU 动作规定值，但 DEH 却发出了 KU 动作指令。实际上，就在该事件发生的数天前，该电厂 3 号和 4 号机组出线 B 相也发生过一次接地故障，电气侧记录数据表明当时 3 号机组功率从 600MW 下降到 450MW，但并没有造成 KU 动作。

4. 汽门快控误动事件四

某发电厂采用上海汽轮机有限公司制造的 N1000-26.25/600/600（TC4F）型汽轮机，DEH 系统采用西门子 T3000 系统。某年 8 月 14 日和 8月 18 日，电网分别出现了两次线路异常跳闸事件，该厂 1 号机组都出现了调节汽阀全关、机组甩负荷异常情况，2 号机组未出现上述异常。当时 1号机组负荷在 400～500MW 区间运行，受（区外）电网故障影响，1 号机组高、中压调节汽阀分别快速关闭，机组功率到零并出现逆功率，机组没有出现保护跳机，整个过程功率闭环自动投入，从调节汽阀开始关闭到调节汽阀恢复正常开启带负荷，时间约为 1.6s。动作期间电气录波记录到功率突升约 130MW 的瞬时波动，而根据事后 DEH 历史记录，两次汽机调节汽阀快关动作发生之前，DEH 采集到的发电机功率信号都有瞬间快速下降然后恢复的现象。8 月 14 日，DEH 记录到发电机功率信号从 375MW 下降至 187MW，100ms 后上升至 391MW；8 月 18 日，DEH 记录到发电机功率信号从 437MW 下降至 218MW，100ms 后上升至 469MW。事后查明，造成调节汽阀快关的原因是 KU 功能启动的条件之一"负荷较低时，实际负荷大于负荷负向限值（104MW）、实际负荷小于 2 倍厂用电负荷的限值（104MW）且负荷控制偏差大于－26MW"被满足，造成 KU 功能动作。事发时，DEH 系统中记录的功率最低值并没有到 104MW，其中的原因可能是由于 DEH 系统的历史曲线最小采样周期为 100ms，对小于 100ms 周期内的变化无法识别并记录。由此，在功率信号突降的过程中，实际的最低峰值可能是小于 104MW，并且 DEH 识别到了这一信号从而触发 KU 功能启动，导致调节汽阀快关动作。

5. 汽门快控误动事件五

某发电厂采用上海汽轮机有限公司制造的 N1000-26.25/600/600（TC4F）型汽轮机。某年 7 月 7 日 7 时 17 分 9 秒，2 号发电机功率从 645MW 突变为 300MW，后又突变为 662MW，触发 DEH 调节汽门快关指令，高、中压调节汽阀迅速关到 0，负荷降至－170MW。7 时 17 分 11 秒触发汽轮机长甩负荷指令，DEH 控制系统执行甩负荷工况时切至带负荷下的转速控制运行方式，此时负荷为－12MW。7 时 17 分 43 秒"发变组第一套保护逆功率跳闸"保护动作，发电机保护动作触发汽轮机跳闸，锅炉 MFT 保护动作。DEH 首出为"发电机保护动作"，MFT 首出为"汽机跳闸"。几乎与此同时，7 时 17 分 9 秒，1 号发电机功率从 644MW 突变为 300MW，又突变为 658MW，触发 DEH 调节汽门快关指令，高、中压调节汽阀迅速关到 0，负荷降至－130MW。7 时 17 分 11 秒调节汽门快关信号消失调节汽阀开启，汽轮机负荷逐渐恢复，7 时 17 分 40 秒达到 644MW。事后查明，造成上述事故的原因为：变电站 500kV 母线 B 相接地故障、母差保护动作跳闸，引起电厂 500kV 系统电压、电流瞬间波动，机组输出功率变化，故障持续时间约 50ms，造成 KU 功能动作，2 号机组由于持续时间较长，触发了长甩负荷指令，导致机组跳闸；而 1 号机组没有发长甩负荷指令，KU 动作后汽阀迅速恢复至原来开度，没有跳闸。

二、汽门快控误动事件的共性问题

上述 5 起事件有一个共同的特点：均是电网出现瞬时故障，但对机组的发电外送影响很小，虽然电气侧功率变化幅度不大，但是 DEH 侧功率变化剧烈，导致各类型的汽门快控功能动作条件得到满足，致使汽轮机调节汽阀开度大幅变化，部分机组因扰动大而停运。实际这种现象并不是近几年才有，2003 年河南某电厂东方汽轮机厂生产的 300MW 汽轮机就出现过一次外部电网故障时电气侧与 DEH 侧记录功率值严重偏离的现象，只是没有引起足够的重视。

分析认为，因雷击、误碰等原因引起的电网故障多数为单相接地故障，自动重合闸操作可使线路迅速恢复正常，而没有必要触发汽轮机调节汽门快关；电气侧数据分析也表明，汽轮发电机实际输出功率的变化并没有达到 DEH 系统中 PLU 或 KU 功能动作的规定值，但是相关功能却被触发，明显属于误动。然而，DEH 侧接收到的功率值的确达到了 PLU 或 KU 功能动作的规定值，即 DEH 侧接收到的功率信号与电气侧不一致，这是造成汽轮机汽门快控功能误动的直接原因。这个传输环节由 DEH 系统模拟量输入（AI）卡件和电气侧到 DEH 侧的功率变送器两部分组成。试验结果表明，AI 卡件没有问题，而功率变送器的输出容易发生信号畸变。下面以上述误动事件三中所涉及的 3 号机组数据为例来说明测试结果。

三、功率变送器测试结果

对功率变送器的测试采用以下方法：将电气故障录波数据通过 OMI-CRON 继电保护测试仪输出到功率变送器，在其出口接高速数据录波仪，观察其输出；通过技术手段可模拟同一故障数据发生在不同相时的变送器输出；通过改变变送器的接线型式，可观察接线方式对变送器输出的影响；通过使用不同厂家生产的功率变送器，可观察变送器的生产工艺对其输出的影响。测试共使用 4 个厂家生产的 6 只功率变送器，其中变送器 A1、A2、B1、B2 为国产变送器，变送器 C、D 为进口变送器；除 A2、B2 为三相四线制接线外，其余均为三相三线制接线。误动事件三所涉机组当时使用的是 A1 功率变送器；误动事件三 3 号机组的故障录波数据记为 X，之前数天没有造成 KU 动作的录波数据记为 Y。以（X，A1）表示使用 A1 变送器测试，输入信号为 X，其余变送器与输入信号的组合表示方法类同。

1. 使用 X 数据和 A1 功率变送器模拟不同相发生接地故障

测试结果如图 8-8 所示，B 相故障时，变送器输出功率在 100ms 内从 379MW 下降到 190MW，下降幅度比电气侧数据显著偏大。这一结果表明，同一故障相别不同时，变送器输出差异显著，输出功率值变化的方向甚至相反。

2. 使用 Y 数据和 A1 功率变送器模拟不同相发生接地故障

测试结果如图 8-9 所示，B 相故障时，变送器输出功率从 603MW 增加到 659MW，变化方向与电气侧数据相反。图 8-9 再次印证了图 8-8 的结论，同时表明对于同一台机组，同样是 B 相故障，发生在不同时刻功率变送器的输出也显著不同，甚至相反。

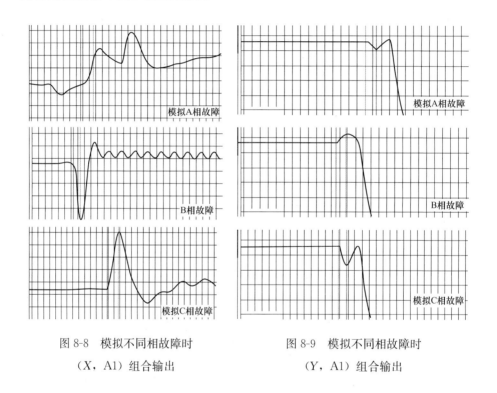

图 8-8　模拟不同相故障时　　　　　图 8-9　模拟不同相故障时

　　　(X，A1) 组合输出　　　　　　　　(Y，A1) 组合输出

3. 使用 X 数据和 B1 功率变送器模拟不同相发生接地故障

测试结果如图 8-10 所示，B 相故障时，变送器输出反而增加。如果当时发生的是 A 相故障，变送器输出功率值将会从 380MW 降低到 27MW。与图 8-8 相比，这一结果表明，同一故障，选择不同厂家生产的功率变送器，输出结果差异显著，甚至相反。

4. 使用 X 数据和 B2 功率变送器模拟不同相发生接地故障

测试结果如图 8-11 所示，变送器输出功率值变化最大的是 B 相故障，

从 378MW 降低到 173MW。与图 8-10 相比，在相同故障下，三相四线制的
功率变送器与同一厂家生产的三相三线制的功率变送器相比，可明显减小
信号畸变的幅度。但该厂家生产的三相四线制变送器也无法解决输出显著
畸变的问题。

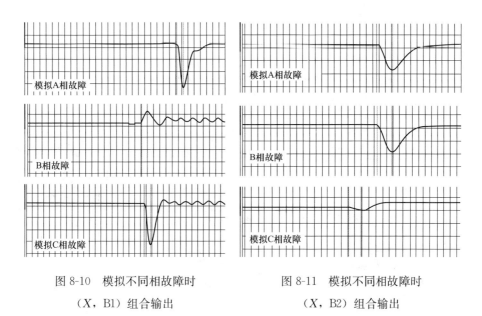

图 8-10　模拟不同相故障时　　　　图 8-11　模拟不同相故障时

（X，B1）组合输出　　　　　　　（X，B2）组合输出

5. 使用 X 数据和 A2、C、D 功率变送器模拟不同相发生接地故障

测试结果如图 8-12 所示，对于（X、A2）这一组合，变送器输出功率
值最大变化 25MW，与电气侧测量结果基本一致。与图 8-8 相比，同样印
证了采用三相四线制可减少变送器输出信号畸变幅度的结论。图 8-12 所示
各变送器输出最大变化值没有超出 70MW，总体上看功率变送器 C、D 对
信号的畸变幅度比 A2 略大。

6. 使用 Y 数据和 A2、C、D 功率变送器模拟不同相发生接地故障

测试结果如图 8-13 所示，各变送器输出下降最大值没有超过 100MW，
与当时电气侧记录数据基本一致。总体上看，在降低输出信号畸变方面，
功率变送器 A2、C、D 比 A1、B1、B2 表现更为优秀。

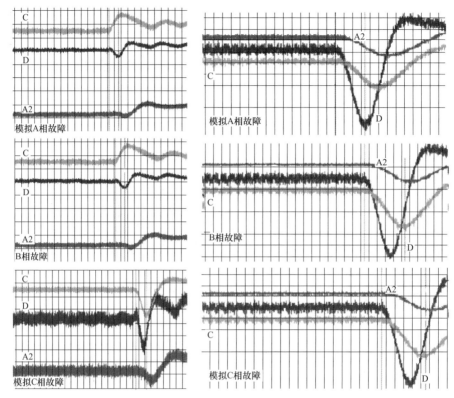

图 8-12　模拟不同相故障时（X、A2）、　　图 8-13　模拟不同相故障时（Y、A2）、

（X、C）、（X、D）组合输出　　　　　（Y、C）、（Y、D）组合输出

四、功率变送器测试结果分析

上述一系列测试结果表明，部分功率变送器在其输入值发生快速变化时，输出值会发生严重畸变，放大了电网故障信息，这是造成诸多机组汽轮机转速飞升抑制功能误动作的根本原因。部分电厂在电气侧使用的响应时间在 250ms 左右的功率变送器，只能满足测量稳态功率信号的要求；当功率突变时，由于响应能力的制约，其输出就可能产生信号畸变，畸变的结果与多种因素有关。

根据本次试验，基本可得到以下结论：

（1）在电网故障、功率突变时，功率变送器输出功率值畸变的方向与幅值和故障相别有关，与故障时刻有关，也与功率变送器接线型式、生产厂家有关。

（2）就本次试验结果来看，与同样的三相三线制变送器相比，在电网功率突变情况下，变送器 C、D 比变送器 A1、B1、B2 的信号畸变小。

（3）将功率变送器由三相三线制改为三相四线制，会降低信号畸变的幅度，改善的水平与变送器的生产厂家有关。

（4）采用 A2、C、D 功率变送器可显著改善信号畸变情况，最大限度地避免类似情况下汽轮机转速飞升抑制功能的误动作。

另外有分析认为，除响应时间过长外，当电网发生扰动或故障模拟时功率变送器内部小电流互感器饱和导致了其输出信号畸变；同一厂家生产的三相四线制功率变送器在测量快变信号方面并不一定优于三相三线制。汽轮机转速飞升抑制功能是电网故障瞬间减少机械和电气功率不平衡的有效手段，可以抑制汽轮机转速飞升，该功能的有效发挥倚赖于测量装置的准确可靠。因测量原理与制作工艺的差异，目前市场上的功率变送器动态测量准确度差别较大，部分变送器难以满足汽门快控功能对功率测量的要求，不适合在此功能下使用。汽轮机转速飞升抑制功能动作条件的判定，可以选用发电机电流等其他信号，如果一定要选用功率信号，可尝试使用新型功率测量装置。

实际上，常规功率变送器给发电机组造成的不利影响不仅是汽轮机转速飞升抑制功能的误动作。在机组并网瞬间，此类功率变送器偶尔也会造成并网初功率的异常变化，由此可能导致并网瞬间汽轮机调节汽阀开度大幅度变化；在外界电网故障时，功率变送器的信号畸变也可能造成机组快速减负荷（RB：Run Back）功能误动作，给机组的正常运行带来困扰。因此，这些常规的功率变送器应尽快升级或更换。

第五节　扫描周期对汽轮机转速飞升抑制功能的影响

一、DEH 系统对扫描周期的要求

大型火电厂汽轮机普遍采用的 DEH 系统分专用型与通用型两种，其

本质均为以计算机为基础的数字式控制系统，是一种离散控制系统。离散控制系统对于输入信号采用固定间隔时间进行采样，其优点是：①相对于模拟量控制系统提高了对输入信号的测量精度；②相对于大型的过程工业控制系统，数据通信采用数字格式，数字信号抗干扰能力比模拟量信号强，提高了数据通信的可靠性；③相对于采用现场总线的控制系统，可以采用同一信道传送多路信号；④可以实现复杂的先进控制逻辑，控制系统的设计具有灵活性和易用性；⑤相对于模拟量控制系统可以减少由于输入信号带来的噪声，提高控制系统的可靠性。但这种控制系统也有缺点：①由连续的模拟量转换为具有一定时间间隔的数字量，降低了系统的可靠性；②由于被控制系统本质上是连续系统，执行机构的动作方式也是连续的，数字控制系统的输出在对执行机构进行控制前需要转换为模拟量，在转换过程中会丢失部分信息；③在 A/D 和 D/A 转换过程以及程序执行过程中引入了时间滞后。

离散控制系统存在一个扫描周期，对于 DEH 系统来说，控制功能确定后，扫描周期的缩短就意味着控制器与数据通信总线负荷率的提高，DL/T 659—2006《火力发电厂分散控制系统验收测试规程》对此有明确的规定。按照 DL/T 774—2004《火力发电厂热工自动化系统检修运行维护规程》的要求，控制器的处理周期应满足：模拟量控制系统不大于 250ms，开关量控制系统不大于 100ms，快速处理回路中模拟量控制系统不大于 125ms，开关量控制系统不大于 50ms。这一控制周期对汽轮机的控制尤其是保护回路的功能是有影响的，处理不好会造成保护误动或拒动，后果可能十分严重。

如前所述，部分机组通过 PLU 功能来实现汽轮机转速飞升抑制。早期的 PLU 功能一般通过专用卡件来实现，汽轮机电功率用发电机电流表征，扫描周期基本在 10ms 以内，应用多年很少见异常报道。但近几年部分新建或改造机组多倾向于采用将 DEH 与分散控制系统（简称 DCS）一体化设计，而新的 DEH 系统可能缺少 PLU 功能的专用卡件，设计者只好通过软件逻辑回路来实现 PLU 功能，汽轮机电功率的表征方式也从发电机电流改为发电机功率。这产生了两个方面的问题：一是功率变送器本身在输入信号快速变化时输出信号会畸变；二是因软件逻辑回路的扫描周期受控制器工作能力的制约无法设置过低（一般会设置为 50ms 以上，如设置为 100ms），由此而造成故障误判。在某些异常工况下，上述两个问题对 PLU 功能会产生严重影响。功率变送器造成信号畸变的情况前文已经讨论，下面重点讨论扫描周期对 PLU 功能的影响。

二、扫描周期对 PLU 功能的影响仿真

输电线路断路器重合闸的现象时有发生，特别是在一些雷电多发地区。由于输电线路断路器重合闸的时间一般在 100ms 以内，目前采用软件回路搭建的 PLU 控制回路扫描周期也在同一数量级。根据采样定理，采样频率至少应为信号测量频率的一半才能满足测量要求，否则就会产生相当大的误差。而在 PLU 功能中，电功率的变化率被作为一个重要的判据来使用，控制系统扫描周期不同，系统计算出来的变化率就会有差异，以电功率变送器测量值的变化率作为 PLU 功能的判据是否合适就值得深入讨论。

图 8-14 是 PLU 功能中电功率变化率测量仿真模块。按电功率变送器时间常数为 100ms，采样系统以零阶保持模拟，按电功率先下降至 0，100ms 后重合闸成功，功率恢复，建立电功率测量回路模型。设电功率开始下降与采样时刻重合，分别以 100、50、10ms 的扫描周期对电功率信号变化率进行采样，所得仿真结果如图 8-15～图 8-17 所示。

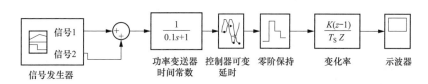

信号1　信号2　$\frac{1}{0.1s+1}$　$\frac{K(z-1)}{T_s Z}$

信号发生器　功率变送器时间常数　控制器可变延时　零阶保持　变化率　示波器

图 8-14　PLU 功能中电功率变化率测量仿真模块

由图 8-17 可见，不同的扫描周期下电功率的变化率不同，扫描周期越短，变化率就越大。由于采样时刻很可能不与事故发生时刻重合，当采样时刻与事件发生时刻不同时，其变化率也不相同，具体数据如表 8-1 所示。

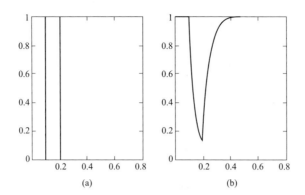

图 8-15　仿真原始信号

（a）原始信号；（b）电功率变送器输出

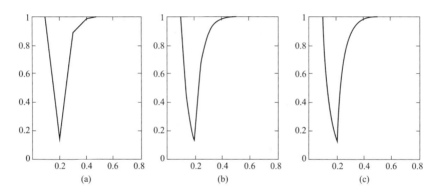

图 8-16　不同扫描周期下的电功率测量值

（a）扫描周期 100ms；（b）扫描周期 50ms；（c）扫描周期 10ms

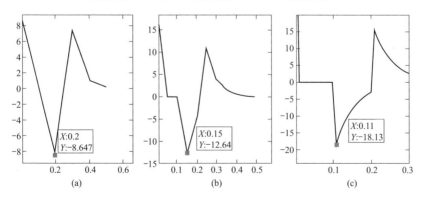

图 8-17　不同扫描周期下的电功率变化率的计算值

（a）电功率变化率（100ms）；（b）电功率变化率（50ms）；（c）电功率变化率（10ms）

表 8-1　　　　　　　　不同的扫描周期和采样时刻偏差对于信号的影响

采样时刻	最大变化率（%）		
	扫描周期 100ms	扫描周期 50ms	扫描周期 10ms
采样时刻与事故时刻同时	860	1260	1813
采样时刻比事故时刻晚 25ms	775	780	—
采样时刻比事故时刻晚 50ms	632	—	—
采样时刻比事故时刻晚 75ms	390	—	—

由表 8-1 可见，当采样时刻与事故时刻相同时，同一信号源下，扫描周期越小，电功率变化率的计算结果越大；当扫描周期相同时，采样时刻比事故时刻越滞后，电功率变化的计算结果越小。这一结果说明，在汽轮机 PLU 功能中，条件"汽轮机电功率瞬间变化率大于某一定值"是否满足，与扫描周期以及采样时刻密切相关，当扫描周期较大时，同一外界事故下，该条件可能被满足也可能不被满足，此时 PLU 动作有一定的不确定性。由于专用卡件的扫描周期较短，这一问题影响不大；但当使用软件回路实现 PLU 功能时，汽轮机电功率瞬间变化率的设置值对于 PLU 功能可否正常动作就格外重要。由于该值受扫描周期以及采样时刻的影响，通常也较难以确定。

目前许多机组 DEH 改造项目倾向于用软件组态的 PLU 逻辑代替原来由硬卡件所实现的 PLU 功能，由于 DEH 软件组态扫描周期较长（一般都为 50ms 以上），因此采用类似的功率变化率方式的 PLU 组态容易误动和拒动。如果要使汽轮机 PLU 保护功能正确动作，建议采用硬卡件所实现的保护逻辑，并且硬卡件的计算时间应小于 10ms。

三、汽轮机转速飞升抑制功能选取的建议

上面讨论的是 PLU 功能，实际上使用到功率模拟量信号的 KU 功能也有类似的问题。上述分析说明：

（1）控制系统的扫描周期对汽轮机安全运行有一定影响，对于快速处理回路，规程中对扫描周期的规定"模拟量控制系统不大于 125ms，开关量控制系统不大于 50ms"的要求有时也无法满足实际需要。

（2）电功率瞬间变化值的测量结果与扫描周期有关，也与采样时刻有关，当扫描周期大于 10ms 时，上述影响十分显著，直接造成 PLU 与 KU 功能动作定值难以正确选取。因此，在软件组态扫描周期无法满足要求的情况下，建议使用硬卡件实现 PLU 与 KU 功能，否则应该选用 LDA 功能；此类改造需慎重对待。

第六节　调节汽阀动作滞后的影响

对于大型汽轮发电机组的转速飞升抑制功能来说，调节汽阀动作的滞后时间指的是从电网故障或汽轮机脱网逻辑判断成立到调节汽阀开始执行关闭动作之间的时间长度。多个实例已表明，该时间严重影响汽轮机转速飞升的程度。一台上汽—西门子 660MW 超超临界机组，50％甩负荷试验时转速最高值为 3098r/min，属正常范围，但 100％甩负荷试验时转速最高值为 3320r/min，汽轮机超速保护动作。事后查明，该机组 DEH 系统中调节汽门快关触发逻辑页扫描周期模式是慢速，处理器负荷率和网络通信速度的随机性，使得快关指令发出到电磁阀动作时间在 80～850ms 间随机变化，从而导致 50％甩负荷试验结果正常，而 100％甩负荷试验失败。

研究表明，调节汽阀动作滞后时间与控制系统的扫描周期直接相关。扫描周期是 DEH 控制器响应速度的一个重要指标，对于采用 LDA 功能来实现机组脱网瞬间转速飞升抑制的汽轮机，DEH 的扫描周期对 LDA 功能中 OPC 的启动有一定影响，最恶劣的情况是 OPC 功能在 LDA 条件满足一个扫描周期后启动，然后再经过一个扫描周期 OPC 电磁阀动作，调节汽阀快关。如果此时扫描周期设置过长，期间的转速飞升量是非常可观的，具体可由式（8-1）计算得到。

对于采用纯转速控制来控制汽轮机超速的机组，采样时间的快慢也有一定的影响。如图 8-18 所示的汽轮机甩负荷工况模型，设转子时间常数为 8s，汽轮机时间常数为 0.3s，阀门时间常数为 0.3s，转速不等率为 5％，摩擦力矩为额定负荷的 2.5%。改变不同的扫描周期（200、100、50、10ms），仿真结果见表 8-2，表明扫描周期对于甩负荷工况下的最高飞升转速有一定影响，但影响不大。但是如果以 200ms 采样速率运行，则甩负荷时刻与采样时刻的偏差带来一定的延迟时间，使转速飞升更高。一般的延时 100ms，约增加 30r/min 的转速飞升。

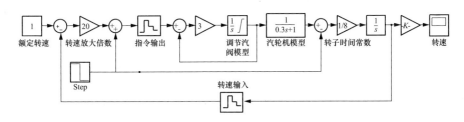

图 8-18　汽轮机甩负荷工况模型

表 8-2　　　　　　　　　　　扫描周期对转子飞升的影响

扫描周期（ms）	最高飞升转速（r/min）
200	3180
100	3174
50	3171
10	3169

上述仿真分析表明，将 LDA 功能放置在 DEH 的快速扫描区是缩短调节汽阀动作滞后时间最有效的办法。当然这可能会增加控制系统的负荷率，但这可通过提升硬件性能来解决。另外，在甩负荷试验前对 LDA 功能进行静态测试，观察从并网信号脱开到 OPC 动作、再到调节汽阀开始快关、最后到调节汽阀全部关闭这一整体过程以及各环节所经历的时间，可以发现其中存在的问题。在正式甩负荷试验前消除这些问题可以降低甩负荷试验的风险，最大限度地降低汽轮机发生超速的可能。图 8-19 是某机组 LDA 功能静态测试过程曲线。

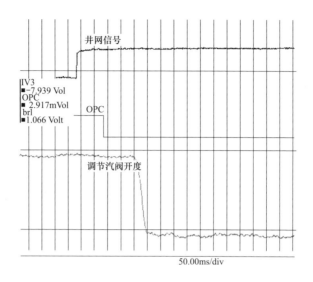

图 8-19 LDA 功能静态测试过程曲线

第七节　汽轮机汽阀快速关闭时间的影响因素

调节汽阀的关闭时间包括两部分，一是快速关闭时间，二是正常调节关闭时间，前者由滞后时间与净关闭时间两部分组成。调节汽阀的快速关闭动作通过泄去安全油完成，而正常调节关闭动作通过伺服阀调节完成。大型汽轮机汽阀快速关闭时间是汽轮机安全性评价的主要考核指标之一，合格标准在 DL/T 711—1999《汽轮机调节控制系统试验导则》中有明确规定：机组额定功率 200～600MW，主汽阀小于 300ms 时合格，调节汽阀小于 400ms 时合格；机组额定功率大于 600MW，主汽阀与调节汽阀均小于 300ms 时合格。汽阀快速关闭时间对机组汽轮机脱网后的转速飞升影响很大，快速关闭时间合格也是机组进行甩负荷试验的前提条件之一。新建、调节系统改造或大修机组，均要求进行汽阀快速关闭时间测试。

汽阀快速关闭测试试验有两个目的：一是获取汽阀快速关闭时间；二是观察其快关动态过程是否合理，并由此可判断汽阀的健康状况，并及时进行维护。汽轮机汽阀快速关闭时间测试过程如下：汽轮机复归，将所有汽阀全开，接入快速记录仪（一般采样频率为 1000 次/s）后发出跳闸指令，使汽阀以最快速度关闭，用快速记录仪测取从跳闸指令发出至汽阀全关的时间。两位式汽阀以行程开关动作信号作为计时的依据，调节型汽阀以其位移传感器（LVDT）行程反馈作为计时依据。触发汽门快关的直接原因一般有三种，分别是就地机械打闸、ETS 跳闸与 OPC 或快关电磁阀动作，每一种均需要单独测试。对于调节型汽阀，按以上步骤进行测试可以获得汽阀快速关闭过程曲线，该曲线在反映其关闭时间的同时也反映了其关闭过程是否正常。就同一台汽轮机而言，在机械结构不进行任何变动的情况下，影响其汽阀关闭速度的因素也是多方面的。

一、热工控制系统影响汽阀快速关闭时间

汽阀快速关闭总时间由延时与净时间两部分组成，净时间与汽阀机械结构密切相关，延时则与热工控制系统（包括相关电磁阀）有一定关系。表 8-3 是日本东芝公司生产的某 600MW 亚临界汽轮机控制系统改造前后汽阀关闭时间的测试结果，改造前控制系统为日本东芝产品，改造后则为上海新华产品。

表 8-3　　　　　　　　某汽轮机控制系统改造前后汽阀快速关闭时间

阀门名称	改造前（ms）			改造后（ms）		
	滞后时间	净时间	总时间	滞后时间	净时间	总时间
♯1 高压调节汽阀	149	98	247	111	78	189
♯2 高压调节汽阀	151	92	243	125	77	202
♯3 高压调节汽阀	151	88	239	113	77	190
♯4 高压调节汽阀	150	93	243	111	78	189
♯1 中压调节汽阀	160	120	280	105	129	234
♯2 中压调节汽阀	160	126	286	114	126	240

该机组控制系统改造时没有对汽阀机械部分进行任何改动。从表 8-3 可明显看出，改造后各汽阀快速关闭滞后时间比改造前明显缩短约 40ms，这使得总关闭时间明显缩短。实际上，缩短汽阀快速关闭滞后时间比缩短其净时间对抑制其转速飞升更有效。

二、冷、热态时汽阀快速关闭时间差异

DL/T 711—1999 中明确冷态情况下的汽阀快速关闭时间测试结果在热态情况下要进行修正，但并没有给出具体的修正方法，实际应用困难。表 8-4 是一台上海汽轮机厂 600MW 亚临界汽轮机大修后汽阀快速关闭时间测试结果，其中热态数据是在大修启动后、并网前且汽轮机转速 3000r/min 时测得。

表 8-4   某汽轮机冷、热态时汽阀快速关闭时间

阀门名称	冷态（ms）			热态（3000r/min）（ms）		
	滞后时间	净时间	总时间	滞后时间	净时间	总时间
♯1 高压主汽阀	66	128	194	55	200	255
♯2 高压主汽阀	62	122	184	50	220	270
♯1 中压主汽阀	125	275	400	132	293	425
♯2 中压主汽阀	148	280	428	160	262	422
♯1 中压调节汽阀	90	86	176	82	150	232
♯2 中压调节汽阀	82	87	169	85	142	227
♯3 中压调节汽阀	90	89	179	85	132	217
♯4 中压调节汽阀	83	72	155	72	120	192

表 8-4 的数据表明热态时各汽阀的净关闭时间比冷态时明显偏长：高压主汽阀平均偏长 80ms，中压调节汽阀平均偏长 55ms。这说明蒸汽作用力与阀体温度对汽阀关闭过程影响是相当显著的。在某些分析、计算或判断时，必须充分考虑这一因素。

三、汽阀快速关闭时间测量方法不同导致结果差异

汽阀快速关闭时间测量时，开关型的汽阀以行程开关作为计时依据。由于行程开关就地位置的调整有一定人为因素，测量误差较大。一台上海汽轮机厂 600MW 亚临界汽轮机冷态时使用行程开关计时测量两只中压主汽阀的快速关闭时间，结果分别为 627ms 和 731ms，远高于相关标准；给其加装临时 LVDT，使用模拟量测量其快速关闭时间，结果分别为 491ms

和 450ms，数值明显降低。

四、机组负荷影响汽阀快速关闭时间

图 8-20、图 8-21 分别是一台日本东芝早期生产的 600MW 亚临界汽轮机冷、热态（450MW）时同一只中压调节汽阀的快速关闭过程测试曲线（由于采样周期原因，曲线不平滑），两者存在明显差异：冷态时快速关闭过程正常，但热态时存在开度反弹，反弹的幅度与负荷有关。检查确认，在阀门快速关闭时，受蒸汽压力的影响，其特有的阀门结构导致阀芯上下压力失衡，均压室内压力的反复变化导致其开度在快速关闭时反复波动。这一现象的危害很大，并有可能导致机组甩负荷时发生超速。

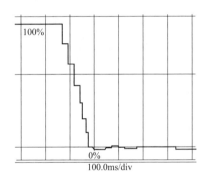 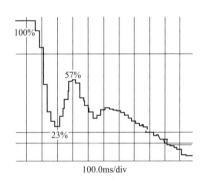

图 8-20　冷态时快速关闭过程测试曲线　　图 8-21　热态时快速关闭过程测试曲线

上述分析表明，除机械原因外，汽阀快速关闭时间与控制系统、运行参数及测量方法均密切相关。就汽轮机脱网瞬间转速飞升抑制功能而言，控制系统（主要指 DEH）与机组运行参数对汽阀快速关闭时间有重要影响。缩短汽阀快速关闭时间可从两个方面入手：一是通过机务优化改造缩短汽阀的净关闭时间；二是通过 DEH 优化改造缩短汽阀关闭的滞后时间。机组运行参数有时也会对汽阀快关速度产生严重影响，这一点改造机组应尤其注意。

第八节　汽轮机调节汽阀正常开关时间的标准

汽轮机调节汽阀是控制汽轮机转速与机械功率的关键设备，其动作特

性直接影响到机组的控制性能与安全性能，其快速关闭动作一般用作保护，其正常开关动作一般用于调节。GB/T 5578《固定式发电用汽轮机规范》明确指出，设计的调节器和蒸汽阀门的操动机构应做到在额定参数或规定的非正常工况下，即使甩去能达到的最大负荷的任何负荷，都不应引起能导致汽轮机跳闸的瞬时超速。为此，不同型式的汽轮机根据自身情况分别采用了 LDA、PLU 或 KU 等转速飞升抑制功能，实现在甩负荷的瞬间所有调节汽阀快关，从而抑制汽轮机转速的飞升。当外部电网故障或机组甩负荷时，这些功能正常启动的情况下，汽轮机的转速一般均能控制在 3300r/min 以下。但从实际情况看，常由于不同的原因，机组甩负荷时这些功能没有正常启动，调节汽阀没有快速关闭，汽轮机的转速只能靠转速调节回路进行控制。前述的案例就是两个具体实例，此时完全依靠调节汽阀的正常关闭来抑制汽轮机的转速飞升，因此调节汽阀的正常关闭时间就显得尤为重要。

一、汽轮机调节汽阀正常开关时间的影响因素

一般说来，在无外界人为速率限制的情况下，汽轮机调节汽阀正常开关时间受以下几方面的影响较为明显：

（1）调节汽阀油动机的时间常数。它表示在进油口开度最大时，油动机活塞在最大进油量走完工作行程所需的时间，综合反映了油动机的滞后时间和关闭时间，一般在 0.1~0.3s。

（2）伺服阀的特性参数。其中额定流量、零偏、内漏等特性均会对调节汽阀的开关时间有显著影响。

（3）DEH 系统中伺服卡的控制参数设定。其中影响较大的为比例常数与积分时间。

（4）控制油的压力与温度。其中压力会影响到伺服阀的流量，进而影响到调节汽阀的开关速度；压力过低时，调节汽阀可能无法开启。工程经验表明，上述因素中伺服阀的特性参数与 DEH 系统伺服卡控制参数的设定对汽轮机调节汽阀开关时间的影响最大。

二、调节汽阀关闭时间与转速飞升之间的关系

目前电力行业相关标准中对汽轮机调节汽阀的正常开关时间没有明确要求，但正如前所述，在汽轮机转速飞升抑制功能失效的情况下，调节汽阀的正常关闭时间决定了汽轮机转速飞升的最终值。为此，上汽—西门子超超临界汽轮机厂家提供的说明书中明确提出了调节汽阀的正常开关时间应在 1.5～1.8s 之间，但其他类型的汽轮机对此并没有具体要求。表 8-5 是几台汽轮机调节汽阀正常开关时间的测试结果，可见不同汽轮机调节汽阀正常开关时间差异很大，即使同一台汽轮机，高压调节汽阀与中压调节汽阀之间也存在着较大差别。机组正常运行时，这种开关时间的差异会造成汽轮机功率响应快慢的差别，但异常工况时调节汽阀关闭时间过长，就极可能导致汽轮机超速。

表 8-5　　几台汽轮机调节汽阀正常开关时间测试结果

阀门名称	某 300MW 机组		某 600MW 机组 1		某 600MW 机组 2		某 1000MW 机组	
	开启时间(s)	关闭时间(s)	开启时间(s)	关闭时间(s)	开启时间(s)	关闭时间(s)	开启时间(s)	关闭时间(s)
#1 高压调节汽阀	1.65	2.20	1.75	1.45	7.35	5.80	1.30	1.00
#2 高压调节汽阀	1.40	1.75	1.80	1.50	7.50	5.10	2.05	1.55
#3 高压调节汽阀	1.95	1.70	1.85	1.35	6.60	6.85	—	—
#4 高压调节汽阀	1.80	1.70	1.95	1.65	7.00	9.85	—	—
#5 高压调节汽阀	1.40	1.70	—	—	—	—	—	—
#6 高压调节汽阀	1.93	1.89	—	—	—	—	—	—
#1 中压调节汽阀	7.30	7.00	3.70	5.15	10.65	10.75	2.20	1.90
#2 中压调节汽阀	7.00	7.10	4.30	5.75	12.00	11.70	2.35	1.85
#3 中压调节汽阀	—	—	4.40	5.65	—	—	—	—
#4 中压调节汽阀	—	—	4.60	6.70	—	—	—	—

就同一只汽轮机调节汽阀而言，其正常开关时间基本一致。实际工程中从抑制汽轮机转子飞升的角度而言，调节汽阀关闭时间更值得研究。如前所述，汽轮机在甩负荷时动态最大转速飞升一般可用式（8-1）计算。结合 DL/T 711—1999《汽轮机调节控制系统试验导则》所推荐的数据：

1000MW 机组 $T_a \approx 8s$，600MW 机组 $T_a \approx 9s$，300MW 机组 $T_a \approx 10s$，$T_v = 0.25s$，$\alpha_H = 0.3$，$\alpha_I = 0.7$，$t_{H1} = t_{I1} = 0.1s$，t_{H2} 与 t_{I1} 取表 8-5 的平均值，负荷率按 1 计，则根据式（8-1）可计算得最大转速飞升，表 8-5 中只依靠调节汽阀正常关闭时，汽轮机的最大转速飞升 Δn_{max} 为

300MW 机组：$\Delta n_{max} = 927 r/min$；

600MW 机组 1：$\Delta n_{max} = 869 r/min$；

600MW 机组 2：$\Delta n_{max} = 1771 r/min$；

1000MW 机组：$\Delta n_{max} = 449 r/min$。

很显然，在 KU、LDA 或 PLU 等转速飞升抑制功能失效的情况下，单纯依靠汽轮机调节汽阀调节，在甩负荷后汽轮机转速将大幅度飞升，如果 110% 超速保护拒动，则后果不堪设想。当然，如果上述计算是按调节汽阀全开进行的，实际运行时高压调节汽阀一般是部分开启，而中压调节汽阀是完全开启，实际结果会比上述计算值略小。

汽轮机调节汽阀一般使用伺服阀进行控制。如果使用大流量伺服阀，会显著提高调节汽阀的开关时间。在防超速功能失效的情况下，如单纯使用伺服阀实现调节汽阀关闭来抑制转速飞升小于 $300 r/min$，则表 8-5 中各机组的调节汽阀关闭时间应满足以下条件（简化起见，高、中压调节汽阀关闭时间取相同）：

300MW 机组：调节汽阀关闭时间小于 1.5s；

600MW 机组 1：调节汽阀关闭时间小于 1.3s；

600MW 机组 2：调节汽阀关闭时间小于 1.3s；

1000MW 机组：调节汽阀关闭时间小于 1.1s。

当然，上述结果是在额定负荷、调节汽阀全开的情况下计算得到的，可以看作是汽轮机在最危险的情况下单纯依靠调节汽阀正常关闭来抑制转速飞升时对调节汽阀关闭时间的要求。很显然，表 8-5 中的数据除 1000MW 机组的调节汽阀关闭时间与这一要求接近外，其他几台机组相差甚远。上述计算结果也说明，上汽—西门子超超临界汽轮机之所以对调节汽阀开关时间有在 1.5～1.8s 之间的要求，也充分考虑到了这一点。其他

几种机型如果发生甩100%额定负荷时转速飞抑制功能失效的情况，则必超速无疑。

三、对调节汽阀正常开关时间要求的讨论

就目前大多数型式的汽轮机而言，要求其调节汽阀正常开关时间达到1.5s左右是很困难的。值得注意的是，以LDA功能为例，多数机组规定在功率大于30%额定值、并网信号消失时，汽轮机所有调节汽阀要同时快关，以防止汽轮机超速。如果此时机组负荷刚好小于30%额定负荷，例如正好为29%额定负荷，则调节汽阀快关条件不满足，只能依靠调节汽阀正常关闭来抑制汽轮机的转速飞升。此时如果依然使用前述参数来计算对表8-5中各汽轮机调节汽阀关闭时间的要求（在转速飞升抑制功能失效的情况下，如单纯使用伺服阀实现调节汽阀关闭来抑制转速飞升小于300r/min，简化起见，高、中压调节汽阀关闭时间取相同）结果如下：

300MW机组：调节汽阀关闭时间小于5.0s；

600MW机组1：调节汽阀关闭时间小于4.3s；

600MW机组2：调节汽阀关闭时间小于4.3s；

1000MW机组：调节汽阀关闭时间小于3.7s。

此时，表8-5中只有600MW机组2还无法满足要求，其他三台汽轮机基本可以做到略低于30%额定负荷、机组脱网后，单纯依靠调节汽阀正常关闭就可以将汽轮机转速飞升值抑制在300r/min以下，不至于造成超速保护动作。

鉴于目前国内电力行业相关标准中还没有对汽轮机调节汽阀的正常开关时间作明确要求，结合上述讨论结论并考虑一定的安全裕量，建议如下：

（1）在汽轮机设备技术规范中增加对汽轮机调节汽阀开关时间的要求。

（2）在设备调试期间与检修后，增加汽轮机调节汽阀的开关时间测试试验，测试应在无速率限制的情况下进行；测试过程曲线应平滑、无卡涩现象。

（3）设备制造商无明确要求时，300MW及以下容量机组，调节汽阀正

常开关时间不宜大于5s；300～600MW（包括600MW）容量机组，调节汽阀正常开关时间不宜大于4s；600MW以上容量机组，调节汽阀正常开关时间不宜大于3s。

第九节　汽轮机回热抽汽系统对转速飞升的影响

汽轮机甩负荷后残余蒸汽会继续在汽轮机中做功，导致汽轮机转速飞升，严重时会影响汽轮机本体的安全。为减少残余蒸汽的影响，汽轮机的安全保护系统设置了多种隔离装置，在甩负荷发生时同步关闭汽轮机的调节汽阀与抽汽管道上的止回阀和电动阀，以防止锅炉或管道上的蒸汽继续进入汽轮机。DL/T 338—2010《并网运行汽轮机调节系统技术监督导则》第5.20条规定，"甩负荷试验前应测试抽汽止回门关闭时间，根据其结构制定相应的测试方案，关闭时间（包括延迟）一般应小于1s"，而实际生产中发现不少机组抽汽止回阀的关闭时间超出这一规定要求。另外，该规定也较为笼统，并未针对不同级的抽汽管路上的止回阀做出具体的规定，而实际上，不同等级的抽汽在汽轮机中做功能力有很大的不同，关闭时间统一规定小于1s值得商榷。为了分析这一问题，下面通过建模仿真的方法对回热抽汽系统在甩负荷时对汽轮机转速飞升的影响进行讨论。

一、回热抽汽系统模型建立

甩负荷过程中当发电机甩去电负荷后，控制系统开始关闭调节汽阀以控制进入汽轮机的蒸汽量，汽轮机通流内部压力开始下降，而对于抽汽管道来说，刚开始蒸汽流量是流出汽轮机的，当通流内部压力小于抽汽管道压力时，抽汽管道内的蒸汽向汽轮机流入并增加，并在汽轮机做功，直到抽汽管道内的压力与汽轮机内压力相等，蒸汽流量趋向于零。将抽汽管道分为两部分，一部分是抽汽止回阀到汽缸的容积，另外一部分是抽汽止回阀后管道容积和加热器容积。当抽汽止回阀未关闭时，蒸汽总容积等于从汽缸到加热器的总容积；当抽汽止回阀关闭后，蒸汽容积等于抽汽止回阀前容积。将蒸汽容积作为一个集中环节进行建模。

式（8-2）为连续方程

$$v\frac{\mathrm{d}\rho}{\mathrm{d}\tau} = v\frac{\partial\rho}{\partial p}\frac{\mathrm{d}p}{\mathrm{d}\tau} = m_{\mathrm{in}} - m_{\mathrm{out}} \tag{8-2}$$

式中：ρ 为蒸汽密度；p 为蒸汽压力；V 为蒸汽容积；m_{in} 为流入该集中容积的蒸汽流量，此处为 0，忽略蒸汽闪蒸所产生的流量；m_{out} 为从抽汽管道流入汽轮机的蒸汽流量。

式（8-3）为抽汽流量方程

$$m = K\sqrt{\Delta p \cdot \rho} \tag{8-3}$$

式中：m 为从抽汽管道流入汽轮机的蒸汽流量；K 为流量系数，按热平衡图中额定抽汽流量、抽汽与加热器进口压差及蒸汽密度按上述公式（8-3）进行计算；ρ 为蒸汽密度；Δp 为抽汽管道压力与汽轮机通流部分压力之差。当甩负荷后，开始时通流部分压力大于抽汽管道压力，蒸汽仍然为正流，通流部分压力下降后蒸汽开始逆流进入汽轮机做功。

式（8-4）为发电机运动方程

$$J\omega\frac{\mathrm{d}\omega}{\mathrm{d}t} = P_{\mathrm{m}} - P_{\mathrm{e}} - P_{\mathrm{f}} \tag{8-4}$$

式中：J 为汽轮机机组的转动惯量；ω 为汽轮发电机组的角速度；P_{m} 为汽轮机所做的机械功率；P_{e} 为发电机输出的电功率，当甩负荷后为零；P_{f} 为汽轮机转动阻尼做功，按额定功率的百分比计算，在计算中设置为 0。

汽轮机机械功率的计算式为

$$P_{\mathrm{m}} = m \cdot \Delta h \cdot \eta \tag{8-5}$$

式中：P_{m} 为汽轮机所做的机械功率；m 为从抽汽管道内流入汽轮机的蒸汽流量；Δh 为蒸汽在汽轮机中的有效焓降；η 为汽轮机的效率，取 0.8。

通过以上四个方程建立的汽轮机抽汽管道内蒸汽对甩负荷后转速飞升的影响模型，可以用来评价抽汽管道容积和抽汽止回门关闭时间对汽轮机飞升转速的影响。具体可以通过一些工程仿真软件来进行，如可以采用 MATLAB 中的 SIMULINK 仿真器解上述微分代数方程组。

二、回热抽汽系统对转速飞升的影响研究实例

以一台上汽超超临界 660MW 机组为例进行研究。该汽轮机共有 8 级抽汽，其中♯7、♯8 抽汽上无止回阀，且抽汽口与加热器进口很近，对于超速影响不大，因此可以忽略♯7、♯8 抽汽的影响。对于高压排汽及♯2 抽蒸汽，在汽轮机甩负荷后由于冷再热蒸汽及热再热蒸汽压力在甩负荷后由旁路进行控制，压力控制目标是维持当前的再热器压力，并且由于汽轮机的再热器系统具有较大的容积，实际的冷再热蒸汽压力在短时间内基本保持甩负荷前的数值，所以汽轮机缸内压力一般是大于高压排汽压力的，因此高压排汽倒流的可能性较小，高压排汽后的冷再热管道以及进入♯2 高压加热器的管道容积对于甩负荷后的转速飞升无影响。对于♯1 抽蒸汽，蒸汽的背压按高压排汽压力考虑，对于具有高压排汽通风阀的机组，♯1 抽的背压应按凝汽器压力来考虑，♯1 抽蒸汽具有较高的做功能力。♯4 抽汽连接有汽动给水泵的进汽考虑到甩负荷后汽动给水泵用汽量增加，因此在计算中不考虑小汽轮机到♯4 抽母管的蒸汽容积，只考虑除氧器的管道蒸汽容积，甩负荷时因为至除氧器的调节汽阀会保护关闭，因此不考虑除氧器的蒸汽容积。因此总体上说，甩负荷后需要考虑的抽汽为♯1、♯3、♯4、♯5、♯6 抽汽。加热器中的蒸汽基本为饱和蒸汽，其做功能力与抽汽管道上的蒸汽有一定差距，因此加热器容积需要按照蒸汽的做功能力进行调整。表 8-6 为该机型回热抽汽系统的基本参数。

表 8-6　　　　　　　　回热抽汽系统基本参数表

项目	单位	♯1	♯3	♯4	♯5	♯6
抽汽压力	MPa	7.894	2.725	12.64	0.581	0.218
抽汽焓	kJ/kg	3137	3472	3241	3042	2844
加热器进汽压力	MPa	7.657	2.602	1.2	0.552	0.2071
加热器饱和焓	kJ/kg	2763	2802	—	2754	2721
逆止阀前管道容积	m³	0.51	0.474	1.838	0.788	1.798
逆止阀后管道容积	m³	2.2	1.236	9.487	2.076	2.586
加热器容积	m³	6.77	6.77	—	6.3	7.5

续表

项目	单位	♯1	♯3	♯4	♯5	♯6
调整后加热器蒸汽容积	m³	4.35	4.89		5.39	6.95
蒸汽总容积	m³	7.1	6.6	11.3	8.3	11.3
总的蒸汽质量	kg	203	52	47	19	12
蒸汽密度	kg/m³	28.76	7.74	4.19	2.2	1.04
管道流量系数 K	—	3.7	9.2	13.3	28	42

抽汽在汽轮机内的做功能力按变化的抽汽压力与背压之间的有效焓降决定，效率按 0.8 计算。图 8-22 和图 8-23 分别为♯1 抽和♯3 抽蒸汽在汽轮机中的有效焓降，可见♯1 抽蒸汽在汽轮机中的做功远小于♯3 抽蒸汽。

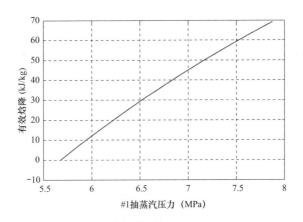

图 8-22　♯1 抽管道蒸汽在汽轮机中的有效焓降

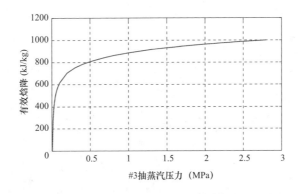

图 8-23　♯3 抽管道蒸汽在汽轮机中的有效焓降

以♯3抽计算结果绘制抽汽压力、抽汽流量以及飞升转速曲线，分别如图 8-24～图 8-26 所示。

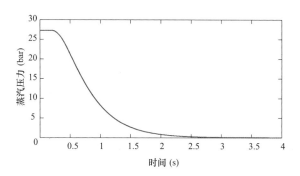

图 8-24　♯3 抽蒸汽压力变化图

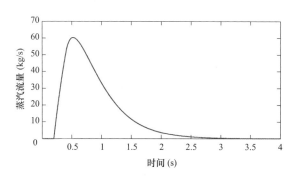

图 8-25　♯3 抽蒸汽流量变化图

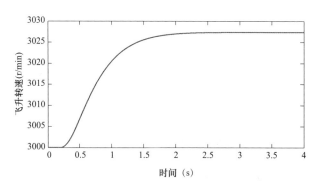

图 8-26　♯3 抽蒸汽引起的转速飞升

甩负荷后，抽汽止回阀没有关闭，会增加汽轮机的转速飞升值。该机型的计算结果如表 8-7 所示。

表 8-7　　　　　　　　　　抽汽止回阀不关闭对转速飞升的影响

抽汽级数	单位	#1	#3	#4	#5	#6
进入汽轮机的蒸汽质量	kg	57	51	47.4	18.6	11.5
在汽轮机中所做的功	MJ	2.13	45.2	33	10	4.2
飞升转速	r/min	1.3	27.4	20	6	2.5

从计算结果看，#1、#3、#4、#5、#6 抽汽止回阀均不关闭时，这 5 级抽汽管道容积会造成汽轮机总的转速飞升增加 57.2r/min，其中，#3、#4 抽管道的蒸汽容积影响最大。在日常检修工作中，应更加重视对 #3、#4 抽止回阀的检查，确保其正常关闭。

在抽汽止回阀关闭前，是整个抽汽管道内（包括加热器及抽汽止回阀后管道）的蒸汽进入汽轮机；在抽汽止回阀关闭后，仅抽汽止回阀前管道内的蒸汽继续进入汽轮机。将抽汽止回阀的关闭特性简化为一个阶跃信号，设置甩负荷时的不同延时关闭时间，计算最大的飞升转速。从表 8-8 的计算结果来看，2s 后汽轮机转速变化趋于稳定。

表 8-8　　　　　抽汽止回阀延时关闭时间对飞升转速的影响（r/min）

延迟时间（s）	0.5	1	1.5	2	3	10
#1 抽汽	0.45	1.1	1.3	1.3	1.3	1.3
#3 抽汽	8.8	25.6	27.1	27.3	27.3	27.3
#4 抽汽	7	18.5	19.7	19.8	19.8	19.8
#5 抽汽	2.9	5.6	5.9	5.9	5.9	5.9
#6 抽汽	1.3	2.36	2.45	2.5	2.5	2.5

三、对抽汽止回阀关闭时间的讨论

国内电力行业的相关标准中没有对汽轮机抽汽止回阀关闭时间的计算和定义，一般计算汽轮机甩负荷时的转速飞升时采用的是甩负荷瞬间的蒸汽功率；同样，对于汽轮机组回热抽汽系统来说，可以假设抽汽流量倒流回汽轮机所产生的功率与通过调节汽阀的蒸汽功率加上倒流的功率的比例来确定抽汽止回阀的关闭时间。表 8-9 为该机型的回热抽汽做功能力计算结果。

表 8-9 回热抽汽的做功能力

项目	单位	♯1	♯3	♯4	♯5	♯6
抽汽流量	kg/s	30.7	28.3	21.8	22.7	14.1
抽汽焓	kJ/kg	3137	3472	3241	3042	2844
排汽焓	kJ/kg	3061	2418	2418	2418	2418
产生功率	MW	2.3	29.9	17.9	14.2	6.0
总功率	MW	70.3				
占汽轮机功率的比例	%	$70.3/(660+70.3)\times100=9.63\%$				

按甩负荷调节汽阀关闭后汽轮机飞升转速不超过 3300r/min 计算，归属于抽汽容积的飞升转速不应超过29r/min；按主汽阀关闭后汽轮机飞升转速不超过3540r/min计算，归属于抽汽容积的飞升转速不应超过52r/min。按前者考虑，则♯3、♯4抽止回阀的关闭速度应小于1s，其他抽汽止回阀影响较小。按后者考虑，则无需关闭抽汽止回阀就基本满足要求，只需要在甩负荷时能可靠关闭，满足防进水的要求即可。该机型有一定的代表性，相关分析结果也可供其他机型的汽轮机组参考。

第十节　汽轮机汽门快控对电力系统的影响

当电力系统发生故障时，电气功率迅速减小，机械功率与电气功率不平衡，若不减小汽轮机输出功率，功率偏差就会使汽轮机转速飞升，引发汽轮机侧故障扩散；同时发电机侧功角会出现失稳，迫使机组解列运行或者出现更加严重的故障，造成重大的安全事故和经济损失。此时可使用汽轮机汽门快控技术。汽门快控是指当电网瞬间故障而使发电机大幅甩负荷时，快速关闭调节汽阀，减少机械和电气功率的不平衡，并延时再次开启，以改善系统的暂态稳定，不致造成系统振荡。目前多数大型汽轮发电机组控制系统的 PLU、ACC、KU 等转速飞升抑制功能均有汽门快控作用，在必要时根据既定的逻辑，判断电气与机械功率发生明显不平衡时，快速关闭高压调节汽阀或中压调节汽阀，短时间内切断新蒸汽，达到汽轮机功率和电磁功率新的平衡，待电网侧故障清除后，重新打开相应的调节汽阀，恢复汽轮机输出功率。这段时间内，汽轮机无须解列，从而有效地保护汽轮机和发电系统的稳定运行，将损失降到最低。

然而从汽门快控功能实际应用情况看，由于各种逻辑设计不完善、传感器选择不恰当等原因，汽门快控功能误动情况多于正常动作情况，再加上电网结构的不断完善，不少业内人士对该功能产生质疑。因此，有必要对该功能进行深入研究与优化，根据电网故障时发电机功角和转速振荡情况判断汽门快控功能是否起作用。

一、汽门快控功能分类

汽门快控功能发挥作用时，调节汽阀的动作过程可以分为快关、保持、打开三个阶段。从涉及的调节汽阀范围来看，汽门快控可以分为高压调节汽阀快关、中压调节汽阀快关以及高、中压调节汽阀联合快关；从调节汽阀关闭后打开速度看，汽门快控可分为快关—快开、快关—慢开两种；从调节汽阀关闭后开启状态看，汽门快控可分为短暂快关与持续快关两种。具体分类见表 8-10。

表 8-10　　　　　　　　　　　　汽门快控分类及效果

分类依据	快关种类	效果特点
关闭调节汽阀范围	高压调节汽阀快关	作用小，冲击小
	中压调节汽阀快关	作用明显
	高中压调节汽阀联合快关	关闭效果最好，但冲击过大
调节汽阀打开速度	快关—快开	迅速响应，波动大
	快关—慢开	反应慢，但波动小
调节汽阀后续开度	短暂快关	不影响机组运行，大部分机组使用
	持续快关	只用于线路老化机组

二、汽门快控功能建模

对汽门快控功能的研究一般通过建模与仿真来进行。电力系统电磁暂态仿真软件（power system computer aided design，PSCAD）可以用来进行电力系统时域和频域计算仿真，计算电力系统遭受扰动或参数变化时电参数随时间变化的规律。以下以上汽 660MW 超超临界汽轮机为研究对象来进行汽门快控功能建模与仿真工作，图 8-27 为该类型机组仿真模型图。

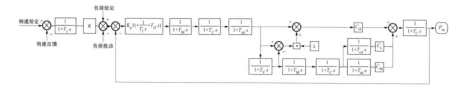

图 8-27　上汽 660MW 超超临界机组仿真模型图

T_1—转速测量时间常数；K—转速放大系数；K_P—PID 比例系数；T_D—PID 微分时间；

T_I—PID 积分时间；T_M—高压或中压调门执行机构时间常数；T_{CH}—高压缸容积时间常数；

T_V—导汽管容积时间常数；C_H—高压缸做功比例；C_M—中压缸做功比例；C_L—低压缸做功比例；

λ—高压缸过调系数；T_{CO}—连通管容积时间常数；T_{RH}—再热器容积时间常数；T_C—容积时间常数

电力系统过于复杂，发生大干扰后会影响电网安全，如果在干扰后系统能够到达一个相对稳定的状态，即暂态稳定，即可以很好地分析快关的作用。单机无穷大系统是典型的电力系统，可以有效防止扰动对结果波形产生影响。无穷大系统指功率无穷大、电压恒定、频率 50Hz 不变，图 8-28 为单机无穷大系统的示意图。整体结构是汽轮机送出功率进入同步发电机，经由变压器和双回线输电电路给无穷大系统送电。无穷大系统主要仿真元件是同步发电机、PSS 稳定器、励磁调节器、励磁机、变压器、电源、传输线路、故障和故障定时控制等。发电机为三相交流隐极式同步发电机，模型参数根据实际发电机设置。

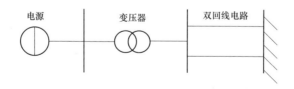

图 8-28　无穷大系统示意图

为合理仿真电网故障时汽门快关作用的可靠性，需要引入电网故障。图 8-29 是 PSCAD 整体仿真模型，总仿真时间设置为 30s。仿真时考虑发电机启动过程，1s 后加励磁，5s 后引入有功和转速反馈，10s 后加入 Vpss 信号，在 20s 时发生短路故障。

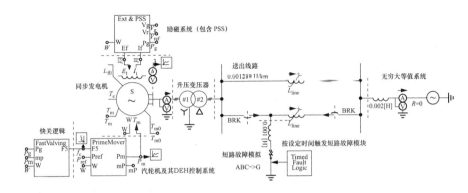

图 8-29　PSCAD 整体仿真模型

P_m—机械功率；T_e—电气力矩；T_m—机械力矩；ω—转速；P_{ref}—功率设定值；FastValving—快关；

PrimeMover—原动机；BRK—断路器；Timed Fault Logic—按设定时间触发短路故障的模块；

Line—线路；R—阻抗；E_f—电动势；I_f—电流；T_{m0}—额定力矩；E_{f0}—额定电动势

三、汽门快控功能仿真

实际电力系统在运行过程中会遇到不同的故障，其对机网系统的影响大小也不一样。国内外发生过多起因快关误动导致的故障，需要仿真多种电网故障状态下调节汽门快关功能的作用效果，进行对比分析并优化快关逻辑。仿真时，运行参数设置如下：故障持续时间取 0.25s，双回路输电线路长度取 150km，发电机发出有功设为 0.9，机端电压设为 1.00。以下仿真结果图形中所有横坐标均为时间，单位均为 s，纵坐标各值除标注外均默认为标幺值。

1. 非金属性故障

非金属性故障即不直接接地故障，如通过树木放电、击穿空气放电等，相当于在输电线路中间加入电感。图 8-30 和图 8-31 表明，在此条件下汽门快关可以使该故障发生后机组得以稳定运行。

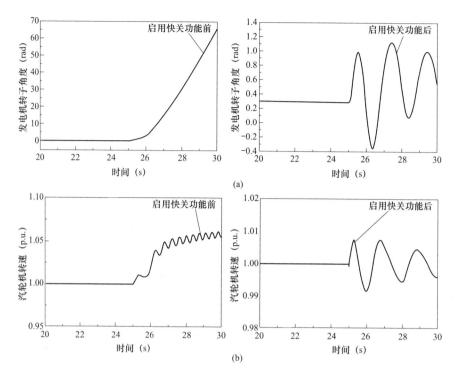

图 8-30 非金属故障启用快关功能前后各指标变化曲线

（a）发电机转子角度对比；（b）汽轮机转速对比

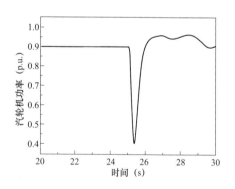

图 8-31 非金属故障启用快关后
汽轮机功率变化曲线

2. 金属性故障

金属性故障即直接接地故障，故障阻抗很小，其余仿真条件为近端三相对地故障。待系统稳定运行后未启动汽门快控功能时，如图 8-32 所示，可以看出 25s 后汽轮机转速在发生故障 5s 内转速飞升至 3150r/min，启动汽门快控功能后汽轮机转速得到明显抑制，最高转速仅增加 24r/min；发电机转子角度受扰后加速过程受到抑制，并未失稳，说明汽门快控提高了系统稳定性。

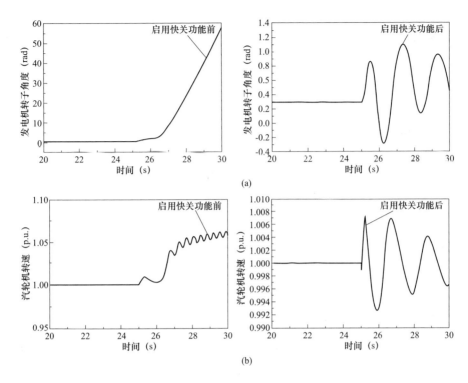

图 8-32 金属性故障启用快关前后各指标变化曲线

（a）发电机转子角度对比；（b）汽轮机转速对比

金属性故障启用快关后汽轮机功率变化曲线如图 8-33 所示。

3. 不对地故障

不对地故障的发生概率非常低，一般的电网故障均是对地类型，其他仿真条件为三相金属性高压母线侧故障。仿真结果如图 8-34 所示，未启动调节汽门快关时，当 25s 发生电网故障，汽轮机转速和发电机

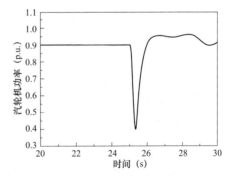

图 8-33 金属性故障启用快关后汽轮机功率变化曲线

转子角度均失稳，严重程度较对地故障低，在第二个周期出现失步；加入快关功能转速和转子角度均恢复稳定，电网继续稳定运行。

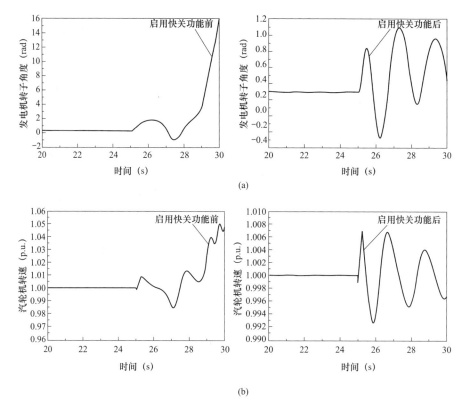

图 8-34　不对地故障启用快关前后各指标变化曲线

（a）发电机转子角度对比；（b）汽轮机转速对比

4. 线路电感因素影响

输电线路的电感大小对调节汽门快关的作用效果有一定的影响，试验中改变线路长度至 100km，所得结果如图 8-35、图 8-36 所示。待系统稳定运行后，在未启动快关系统功能时，可以看出 25s 后汽轮机转速在发生故障 265ms 后飞升至 3025r/min，发电机转子角度受扰后加速过程受到抑制，但并未失稳，说明系统自身稳定性较强。从上述的仿真结果来看，若线路电感足够小即输电线路足够短，电网发生故障后系统可以通过自身的调节将电网和机组恢复到稳定运行的状态，不会失稳，即线路越长引发电网故障产生的影响越大。

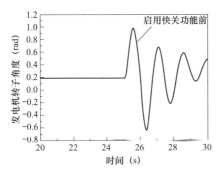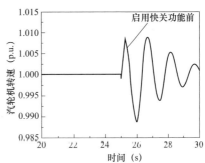

图 8-35 改变线路长度启用快关前转子角度、转速变化曲线

5.高压母线侧故障

在高压母线侧加载三相短路故障，快关功能启动后仿真结果如图 8-37 所示。未启动快关功能时，受到扰动后汽轮机转速和发电机转子角度均出现了飞升，超出稳定范围，发电机在第一个振荡周期失步，进入异步运行，证明机网系统由于电网故障发生失稳，需要进行紧急机组解列处理。当

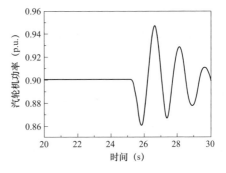

图 8-36 改变线路长度后启用快关前
汽轮机功率变化曲线

启动调节汽门快关功能后，满足快关触发条件，调节汽门关闭，汽轮机出力降低，转速呈振荡收敛趋势，最终达到新的稳定运行状态，发电机转子角度也呈同样趋势。说明在该状态下转速飞升得到抑制，功角保持了稳定状态，从而改善了电力系统的暂态稳定，避免了机组解列带来的安全风险和经济损失。

根据故障发生点相对于发电机的距离远近，故障分为高压母线侧故障和用户系统侧故障。高压母线侧为最严重的故障，而汽门快控功能可以很好地改善高压母线侧故障时电力系统的暂态稳定性。同样条件下对于用户系统侧故障也可以起到很好的保护作用，在此不再赘述。

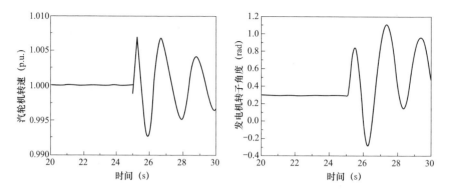

图 8-37　高压母线侧三相短路故障启用快关后转速、发电机转子角度变化曲线

四、汽门快控功能优化

汽轮机汽门快关功能的设计本意就是在电网故障时快速平衡电网与机组之间的出力不平衡，抑制汽轮的转速飞升，减少在电网故障时机组被解列的可能。但如果快关功能误动事件频发，反而会增加机组的运行风险，造成经济损失。实践表明，国内汽轮发电机组汽门快关多次是电网瞬间短路故障或电网侧波动达到了快关动作的条件造成，在重合闸成功的情况下，并不会使发电机功角失稳。目前国内有些电厂为了避免快关误动，直接撤出了汽门快关功能，如此又会增加机组超速风险，也不符合设计的原意，当真正遇到电网故障时，失去快关功能保护的机组只能停机处理。因此，为更好地发挥汽门快关功能的作用，防止因汽轮机功率变送器信号畸变等原因造成快关误动，可在机组原有的快关指令触发逻辑基础上增加延时判断及转速定量判断，进行汽门快关逻辑的优化处理。

1. 快关延时

在快关指令触发逻辑中增加快关延时，可以很好地解决因功率波动使快关误动的问题。具体思路为：在汽门快关条件被满足后，延时一定时间再进行判断，若此时外界故障仍然满足快关功能触发条件，说明故障的确由电网故障触发，需要汽门快关动作；若延时后汽门快关条件不再满足，则说明故障是由电网波动引起，或为瞬时故障，并已通过重合闸解决，汽门快关无需触发。为防止真正的电网故障下没有汽门快关而导致发电机功角失稳或转子飞升，汽门快关延时的时间不宜过长。上汽对某电厂660MW机组给出的快关延时建议为80ms，事实上实际运行中绝大部分的电网波动也不会超出这个时间。快关延时加入后的快关指令触发逻辑如图8-38所示。

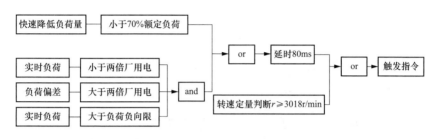

图 8-38　加入快关延时和转速定量后快关指令触发逻辑图

2. 转速定量判断

为了确保机组安全，在快关指令触发逻辑中增加转速定量判断条件，保证转子加速在正常范围内。根据我国电网运行管理要求，电力系统频率须在 50.2Hz 以下，对应汽轮机转速不能超过 3012r/min，以此为依据并考虑 0.1Hz 的裕量，给原快关指令触发逻辑增加转速定量（≥3018r/min）判断，具体如图8-38所示。若在延时时间内汽轮机转速超过设定值，则触发汽门快关，确保电网与机组的安全运行。

针对上述汽轮机汽门快关逻辑优化的内容建立汽轮机控制系统与电网侧单机无穷大系统的耦合模型（图8-29），以此来模拟电力系统发生故障时汽轮发电机组控制系统的工作过程。按照建立的汽轮机汽门快关仿真模型，针对逻辑优化后的汽轮机快关系统进行仿真参数设置和仿真结果分析。为了更好地验证快关逻辑优化效果，选择近端三相短路接地故障进行试验，故障持续时间为 250ms，设置 80ms 的延时时间，结果显示发电机转子角度暂态稳定。当设置快关延时为 100ms，发电机出现失步、转速飞升，发电机转子角度图像出现振荡。不同延时仿真结果如图8-39、图8-40所示。

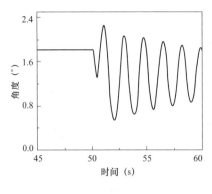

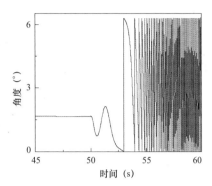

图 8-39　80ms 延时后转子　　　　　图 8-40　100ms 延时后转子
角度随时间变化　　　　　　　　　　角度随时间变化

　　设置延时时间最重要的是避免汽门快关功能误动，保证故障发生时依然能够保持机组的稳定运行。在不同的延时设置下进行仿真，结果表明延时时间设置为 65～90ms 效果较好，此时汽轮机汽门快关功能既不会误动，又可以保证外界故障时机组的稳定运行。另外，根据某电厂电网故障时电流消失时间统计，均没有超过 60ms，说明此时间范围延时还留有一定裕度，可以有效防止汽轮机汽门快关出现误动。

　　例如，某发电厂共 4 台上汽 1000MW 超超临界机组，电厂故障时 1 号、2 号、3 号机组正常运行，负荷分别为 680、640、630MW。故障时电厂出线 B 相因雷击而发生短暂接地故障，随后重合闸成功，电气录波数据显示上述故障持续时间为 50ms。故障期间，该电厂 1 号和 2 号机组负荷大幅度波动，机组最低功率甚至到了负值，汽门快控功能（KU）发生误动。以该厂上述机组故障进行仿真验证：在 50s 时加入电网瞬时故障，在无延时逻辑条件下，汽门快关逻辑判断电网故障已经动作，触发快关指令，误动发生，仿真过程如图 8-41 所示；在加入 80ms 的延时逻辑条件下，汽门快关没有发生误动，机组继续稳定运行，仿真过程如图 8-42 所示。

　　上述结果说明，汽门快控逻辑增加延时和转速定量判断优化措施是有效的，可部分解决现场控制系统中存在的问题，提高机组汽门快关功能的可靠性。另外也有研究表明，在电网最严重的三相故障情况下，重合闸成功时汽轮机的转速最高可达额定值的 1.01 倍。也就是说，图 8-38 汽门快

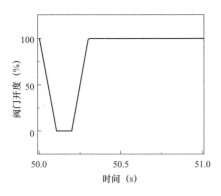
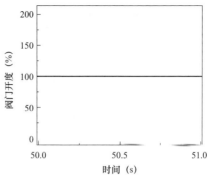

图 8-41　未加入延时逻辑的快关动作　　图 8-42　加入延时逻辑的快关动作图

控功能中的转速判据定值（≥3018r/min）偏低，要确保该功能此时不误动，转速判据定值应设置在 3030r/min 以上。另外，上述仿真结果也说明，汽门快控功能在电网故障下可以起到抑制发电机功角失稳的作用，有助于电网的安全稳定运行。

第九章

汽轮机与电力系统低频振荡

电力系统低频振荡是电力系统在受到干扰的情况下发生的一种功角稳定性问题，通常表现为有功功率的等幅或衰减振荡，如振荡幅值不断增加，将会导致电力系统的崩溃。电力系统低频振荡的频率一般在 2.5Hz 以下，功角与功率同频率振荡。世界上最早见于报道的低频振荡现象发生在 1964 年，美国西北电网与西南电网联合试运行时，在其联络线上发生了频率为 0.1Hz 的持续功率振荡，这使人们首次感受到了低频振荡给电力生产带来的严重威胁；国内首次记录到的低频振荡现象发生在 1984 年，当时广东电网与香港电网正在联合运行。在随后的近 20 年中，多种方式生产的电能促进了我国电力系统网架结构的不断演化，尤其是在大规模远距离输电、高增益快速励磁等新技术广泛应用以后，我国电力系统低频振荡事件呈多发趋势。在每台机组上安装电力系统稳定器（PSS）可以增加系统的阻尼，减少低频振荡现象的发生。

　　然而，近年来国内多台机组在 PSS 正常投用的情况下仍然发生了低频振荡事故。据南方电网的初步统计，2008～2012 年间发生的 15 次电力系统低频振荡事件中，只有 7 次与电网弱阻尼、PSS 或励磁系统故障有关，而汽轮机自身缺陷导致的低频振荡却占了 8 次，即多台大型汽轮发电机组的缺陷诱发了这些低频振荡现象。之前的观点认为，与电力系统相比汽轮机及其调速系统反应较慢，难以诱发电力系统的低频振荡。但近 10 年来全国范围内的数起低频振荡现象已确切地表明，汽轮机调速系统参与甚至主导了这些低频振荡现象，这与汽轮机数字电液控制系统（DEH）性能的提升带来的调节速度增快密切相关。

　　就低频振荡这一问题，电力系统专业人员已从发生机理、分析模型、诱发原因、在线定位与抑制措施等诸多方面进行了深入细致研究，成效显著。虽然很多低频振荡现象与汽轮机本身密切相关，通过机组的运行状态或控制参数的调整就可以避免或快速平息低频振荡，但这一问题在发电厂侧还没有引起足够的重视。

第一节　低频振荡的分类

　　根据振荡周期不同，电力系统低频振荡可分为低频振荡和超低频振荡，前者频率一般在 0.2～2.5Hz 之间，后者频率一般在 0.1Hz 以下。由汽轮机调速系统在调节过程中向电网引入的超低频振荡也称为频率模态，其由调速系统自身动态特性决定，其阻尼比受调速系统 PID 参数影响较大。就锅炉跟随、汽机跟随与协调控制三种汽轮机组主要控制方式而言，汽机跟随控制方式的共振频率最低，最容易成为超低频振荡的来源。理论计算分析表明，火电厂动力系统与电力系统低频振荡存在一定的相关性，分析汽轮机组对低频振荡的影响应当从频率模态周期和电网低频振荡模态周期两个时间尺度上进行。

根据机电振荡模式不同，电力系统低频振荡可分为局部低频振荡、区间低频振荡及多机低频振荡。局部低频振荡发生在单台机组或一组机组连接到大电网的输电线路上；区间低频振荡多发生在两个区域电网的联络线上；多机低频振荡为电网内多台机组共同参与的低频振荡。从实际情况看，与汽轮机组相关的低频振荡多为局部低频振荡，振荡频率为 1Hz 左右，偶尔也会出现区间低频振荡，频率更低，鲜见多机低频振荡现象。由汽轮机及其调速系统引起的区间低频振荡的幅值，可能比本机振荡幅值要高。

第二节　低频振荡的典型案例

【案例 1】　2008 年 4 月，云南电网某 300MW 汽轮发电机组的配汽方式切换操作诱发了电力系统低频振荡，本机功率最大振荡幅值 66.6MW，云南电网内线路最大振荡幅值 231.9MW，振荡持续时间约 6min3s，振荡频率 0.36～0.38Hz，南方电网各主要送出断面线路上均有反应。调度采取直流调制等控制措施后，振荡得到平息。

事后查明，配汽方式切换过程中汽轮机调节汽阀的反复晃动对电网产生了一个持续的强迫扰动，扰动的频率与电网的 0.4Hz 振荡模式接近，从而导致低频振荡发生。

【案例 2】　2011 年，南方电网某发电厂 600MW 汽轮机组进行一次调频试验时发生电网低频振荡，本机功率最大振荡幅值接近 300MW，并导致

500kV 电网多条联络线发生低频功率振荡报警，振荡持续时间约 140s，振荡频率约 1.1Hz，撤出一次调频后振荡迅速平息。

事后查明，该机组功频电液控制系统 PID 比例参数设置过大（为正常值的 6 倍），导致一次调频回路投入后调速系统提供较大负阻尼，诱发低频振荡。

【案例 3】 2012 年 10 月，浙江某核电机组功率多次发生低频振荡，功率最大振幅约 20MW，振荡频率约 1Hz，最长振荡持续时间约 37min；与此同时，浙江电网的多台 300、600MW 机组也发生了频率 1Hz、幅值 4～8MW 的功率振荡。

事后查明，该次低频振荡是浙江某自备电厂一台 50MW 汽轮发电机组调速系统电液转换器（DDV 阀）故障造成汽轮机调节汽阀开度晃动引入强迫振荡所致，更换该机组 DDV 阀后，类似的低频振荡再未发生。

【案例 4】 2016 年 6 月，浙江某 1000MW 汽轮发电机组因邻机大幅度逆功率跳闸而诱发低频振荡，该机组功率振荡区间为 860～1150MW，汽轮机转速振荡区间为 2992～3002r/min，振荡持续时间约 3min，振荡频率约 1.1Hz。随着电网频率与汽轮机控制油压的恢复，振荡自行平息。

该次低频振荡功率变化过程如图 9-1 所示，起始阶段的发电机有功功率与汽轮机转速信号变化如图 9-2 所示。分析认为，此次低频振荡是在本机组 PSS 未投入、系统阻尼偏小的情况下，由外界发生的大扰动诱发，本机组以及在网机组一次调频共同参与的强迫振荡。

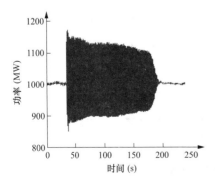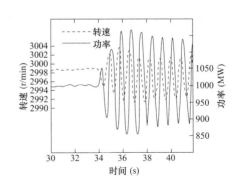

图 9-1 低频振荡时功率变化曲线　图 9-2 低频振荡起始阶段功率与转速变化曲线

上述几个典型案例说明，汽轮机的运行操作、设备故障、参数异常以及外界干扰等情况均有可能导致电力系统低频振荡发生，引起的振荡模式有局部的，也有区间的，甚至还会产生多机振荡。低频振荡一旦产生，就会严重威胁机组与电网的运行安全，不能自行平息或应对措施无效时，或将会被强制解列。

第三节　低频振荡发生的机理

多年以来，电力系统低频振荡机理一直是广大电力工作者研究的焦点，目前较为成熟的是负阻尼理论与共振理论。这两个理论已成功解释了国内多起低频振荡事故，其合理性得到广泛认可，其他诸如参数谐振理论、混沌振荡理论等，还有待于更多的事故实例验证。

一、负阻尼理论

关于汽轮机组对低频振荡的影响，应用负阻尼理论进行分析是目前较为成熟方法。该方法认为调速系统可能改善也可能恶化电力系统动态稳定水平，影响的结果与调速系统参数配置有关，还与系统振荡频率以及机组与某个振荡模式的相关程度有关。即使是负阻尼理论，分析的方法也有不同。

一种较为直观的方法是从"自治系统受扰动后的稳定性取决于阻尼的正负"这一基本点出发，以线性化的汽轮发电机转子运动方程为依据，在单机无穷大环境下进行研究。在汽轮机提供的机械转矩恒定不变时得到发电机功角随时间的变化关系式，结合本汽轮机组的相关数据，由关系式中阻尼因子的正负来判断电力系统是否存在负阻尼。如果存在，则认为负阻尼理论可以解释该起低频振荡现象。当汽轮机提供的机械转矩周期性波动且能分解成同步转矩与阻尼转矩的形式时，可以用负阻尼理论来解释；但当机械转矩无法分解为机械同步转矩与机械阻尼转矩的形式时，则需用共振理论来解释。

另一个负阻尼理论的分析方法认为，汽轮机调速系统的调节结果与机组受到电力系统扰动后的速度增量方向同向时调速系统的作用就是负阻尼作用，促使振荡发散，反向时调速系统的作用就是正阻尼作用，促使振荡收敛。基于此观点，转速闭环作用下，汽轮机调速系统的相位滞后超过90°时其提供负阻尼。考虑到常见的低频振荡的周期在0.4～5s之间，该分析方法忽略了汽轮机组模型中时间常数较大的再热器及其后的各个环节，得到了简化的汽轮机模型（见图9-3），并在转速闭环控制的条件下提出系统存在"分界频率"，式（9-1）为其计算公式；当机电振荡模式频率高于分界频率时，汽轮机调速系统提供负阻尼，反之提供正阻尼。

$$f = \sqrt{1/T_g T_{ch}}/2\pi \tag{9-1}$$

　　式中：f 为分界频率；T_g 为执行机构时间常数，对于汽轮机来说为汽轮机高压调节汽阀的时间常数；T_{ch} 为汽轮机高压缸时间常数。分界频率可作为判断调速系统对电力系统提供正、负阻尼或者零阻尼的重要依据。

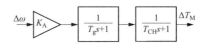

图9-3　简化的汽轮机模型

K_A—转速放大系数；T_g—执行机构时间常数；

T_{ch}—高压缸时间常数；$\Delta\omega$—转速变化；ΔT_M—机械功率变化

　　从式（9-1）可以看出，T_g、T_{ch} 对分界频率有相同的影响，只是两者的取值范围不同；随着 T_g、T_{ch} 的增加，分界频率是单调降低的。就某一固定的调速系统放大倍数 K_A、T_g 与 T_{ch} 来说，随着系统振荡频率的增大，调速系统滞后相位加大，提供的阻尼也会由正变负。可见，汽轮机高压调节汽阀时间常数与高压缸时间常数对低频振荡有显著的影响。

　　分析表明，K_A 对系统的分界频率没有影响，但它会改变调速系统提供阻尼的大小。对于汽轮机及其调速系统模型（图9-4）中的PID部分，如果仅考虑其比例环节，比例系数为 K_P。仿真表明 K_P 同样也不影响系统的分界频率，但 K_P 增大时系统的振荡频率会增大，使系统的振荡频率超过分

界频率而进入负阻尼区，从而使系统发生振荡。结合图 9-3 可以看出，K_A
对系统分界频率的影响与 K_P 相同，因而对 K_A 分析也会有相同的结论。由
于汽轮机转速不等率 δ 与 K_A 互为倒数，这一结论说明汽轮机转速不等率 δ
过小或控制环节 PID 中比例系数过大都会引起电力系统的低频振荡。

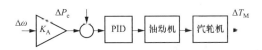

图 9-4　简化的汽轮机及其调速系统模型

K_A—转速放大系数；$\Delta\omega$—转速变化；ΔT_M—机械功率变化；ΔP_e—电功率变化

二、共振理论

以汽轮发电机转子运动方程为依据的负阻尼理论分析表明，该微分方
程的解由通解和特解两部分组成。系统阻尼为负时，与阻尼有关的通解可
以用来解释系统的低频振荡现象；如果阻尼为正而系统仍然出现振荡现象，
负阻尼理论就无法进行解释。但这一情况现实中经常出现，此时可尝试用
共振理论进行解释。具体到上述微分方程，其特解可以反映这一共振过程：
当振荡频率与系统固有频率相同时系统将会出现共振现象，无阻尼时振幅
会无限放大。但事实上实际系统的阻尼都是存在的，因此电力系统常表现
为等幅振荡。理论分析与实践均表明，局部振荡、区间振荡甚至多机之间
的振荡均有可能是共振引起的低频振荡，振荡的幅值与扰动的幅值正相关，
与系统的阻尼大小负相关。如果系统本身阻尼较弱，扰动下稳定时间将会
大大增加，而当系统处于负阻尼状态时系统将会失稳。

共振造成的低频振荡有以下特点：①启振快，从受到扰动到达到最大
振幅一般只需 2～3 个周期；②消失快，一旦扰动消失，振荡也随之消失；
③等幅振荡，即从启振到消失，振幅基本不变。这三个特点也是共振机理
区别于负阻尼机理的显著特点。共振机理造成的低频振荡的频率与扰动源
基本一致，传播距离往往较远，但功率振幅最大的机组未必最靠近扰动源，
因而多机振荡时扰动源的定位比较困难。

仿真分析表明，汽轮机调节汽阀扰动频率、汽轮机主蒸汽压力脉动频率等与电力系统固有频率接近时将会产生共振，从而引起低频振荡。扰动源持续作用时，局部振荡有可能发展成区间振荡，并可能放大振荡幅值。

三、低频振荡发生机理的判别

准确判断低频振荡发生的机理，有助于制定抑制措施，减轻低频振荡的危害。根据负阻尼理论与共振理论，汽轮机组运行时因功频调节回路引起的低频振荡一般可由负阻尼理论进行解释，而因为汽轮机调节汽阀的伺服阀或位移传感器（LVDT）故障、油动机卡涩、控制油压力脉动等电液系统故障造成的低频振荡一般应由共振理论进行解释。一般说来，在汽轮机控制系统正常无缺陷的情况下，由负阻尼而导致的低频振荡都应通过电力系统参数调整或投用 PSS 来解决。理由是系统的阻尼主要取决于电力系统，而汽轮机及其调速系统的加入只能使系统阻尼略微改变。

对电力系统低频振荡发生机理判别的研究是一个热点，也是一个难点问题，电力工作者采用对事故数据离线 Prony 分析、对振荡波形分析、对功率等相关信号的幅值与相位分析、对低频振荡进行频谱分析等方法进行低频振荡机理的研究取得了一定进展，但仍需要从实用性方面进行更加深入的研究。另外，汽轮机及其调速系统参与的低频振荡可能是多种机理共同作用的结果，更增加了问题的复杂性。特别是如何从实时的振荡曲线中快速区分振荡机理，以便迅速采取针对性应对措施，是确保电力系统安全亟待解决的问题。

第四节　汽轮机组对低频振荡影响的途径

从已公开的多起与汽轮机组相关的低频振荡事件看，低频振荡现象多发生在汽轮机配汽方式切换、汽阀活动性试验、DEH 系统中功率闭环回路投用、一次调频功能投用、功率频繁反复调整等时刻，当汽轮机调节汽阀开度晃动、转速信号波动、线路检修、外界发生大幅度扰动等异常情况发生时也容易出现低频振荡。上述涉及汽轮机的操作或设备异常只是电力系统低频振荡的诱因，问题的关键在以下七个方面。

一、汽轮机配汽函数

汽轮机进汽量的控制由多个调节汽阀共同完成，调节汽阀的升程与通过汽轮机流量的关系可看作是汽轮机的流量特性，准确把握汽轮机流量特性是实现精确控制的前提。现代大型汽轮机流量特性是非线性的，为了实现精确控制，DEH 系统中采用配汽函数对汽轮机流量特性进行修正，使汽轮机控制指令与功率输出线性化，从而提高汽轮机调节作用的线性度。配汽函数正确时，汽轮机会表现出良好的控制性能，否则就会出现诸如调节汽阀晃动、配汽方式切换时负荷波动大等情况。多数汽轮机组参与的电力系统低频振荡事故，其问题根源就在于此。

汽轮机配汽函数与其流量特性不匹配的情况时有发生，尤其是在新建机组、改造机组或者运行多年发生老化的机组中更为常见。这种情况最直接的影响就是导致汽轮机局部转速不等率过小或过大。局部转速不等率反映了汽轮机调节汽阀某一开度范围内阀门行程改变导致的进汽量变化与汽轮机转速变化的比例关系。如前所述，汽轮机转速不等率 δ 过小会引起系统低频振荡。仿真表明，局部转速不等率达到 1% 时，这种振荡基本已不可避免。

汽轮机局部转速不等率会对汽轮机的控制性能产生较大影响，汽轮机调节汽阀重叠度、配汽方式切换、汽阀活动性试验、一次调频功能、机组负荷调整等方面引起的低频振荡问题，大都是由汽轮机局部转速不等率偏离正常值所导致。汽轮机配汽函数中调节汽阀重叠度设置不合理，在局部容易造成同样的流量指令变化引起的实际蒸汽流量变化严重超出设计值，使得局部转速不等率突减，在 DEH 调节作用下，造成调节汽阀晃动。一次调频功能中也常发生类似的问题，一般规定大型汽轮机组一次调频转速不等率为 4%～5%，如果汽轮机配汽函数与其流量特性不匹配，可能会导致汽轮机局部转速不等率偏小，从而诱发电力系统低频振荡。

二、功率控制 PID 参数

大型汽轮发电机组正常运行时一般使用 DEH 侧功率开环、DCS 侧功率闭环的控制方式。这种控制方式下，功率控制 PID 参数中的比例环节会影响系统的振荡频率，比例系数过大会使电力系统进入负阻尼区，容易诱发系统低频振荡。

某 300MW 循环流化床机组在协调控制投入降负荷过程中，在汽轮机配汽函数正常的情况下系统仍发生低频振荡，后将功率控制 PID 参数中的比例系数 K_p 由 3 修改为 0.3，并增加 PID 偏差输入限幅后，该机组再未发生过低频振荡。类似的情景并不鲜见，特别是在电网故障、汽轮机调节线性度差的情况下，机组功率易发生较大突变，此时如果功率控制 PID 调节过大，就容易引起调节系统反复波动，从而引发系统低频振荡。

多数机组设有主蒸汽压力调整回路，当主蒸汽压力与设定值的偏差超出死区时，该回路通过限制机组功率来"拉回"主蒸汽压力。部分机组的主蒸汽压力调整回路通过设定主蒸汽压力偏差调整系数并通过功率控制 PID 起调节作用，如果该调节作用过强，同样会诱发低频振荡。

实际上，由于功率控制 PID 参数中的比例系数与调速系统放大倍数对系统低频振荡的作用原理类似，现实中由此而引起的低频振荡多是两者共同作用的结果。特别是在汽轮机调节线性差、汽轮机转速局部不等率过小、功率控制 PID 调节作用偏强的情况下，机组功率晃动几乎不可避免，持续作用时就会引起电力系统的低频振荡。

三、DEH 侧功率控制闭环

因机械功率无法准确测量，大型汽轮机控制系统中均采用电气功率代替机械功率来实现各项控制功能。分析认为在外界电网扰动的情况下，这种做法使汽轮机机械功率反馈控制变成了电气功率前馈控制，会降低系统阻尼，易引起机械功率反调和转子快速起振。如前所述，目前大型汽轮发电机组正常运行时一般使用 DEH 侧功率开环、DCS 侧功率闭环的控制方式。对于 DEH 侧功率控制闭环回路，多数机组虽然设计有，但一般很少投入运行，该回路也很少受到重视，多数机组甚至从没有对其进行过控制参数的整定。

某额定容量为 362.5MW 的汽轮机组，在 DEH 改造后启动过程中，在投入 DEH 侧功率控制闭环回路后，本机出现频率 0.34Hz、振幅 20MW 的低频振荡，线路也随之振荡。事后检查确认，DEH 侧功率控制回路未经过参数检查整定就被投入运行，系统抗干扰能力差，极易引起机组功率晃动。

仿真分析表明，DEH 侧的功率控制回路投入闭环运行后，系统阻尼会降低，容易诱发低频振荡。不少机组在特殊情况下，如配汽方式切换时，为了减少切换过程中的负荷波动，DEH 侧的功率闭环会人工或自动投入，由此而诱发的电力系统低频振荡已发生多次。因此，为了降低电力系统低频振荡发生的可能，即使经过参数整定，DEH 侧功率控制回路也尽量不要投入闭环方式。

四、一次调频回路

一次调频是并网运行的发电机组在电网频率偏离额定值时自发地通过快速开关调节汽阀来改变自身出力、稳定电网频率的过程。快速与开环是一次调频作用的两个主要特点，绝大多数汽轮发电机组一次调频作用是通过 CCS＋DEH 方式实现的。它将一次调频指令直接加在 DEH 侧汽轮机调节汽阀指令上的同时，在 CCS 侧也叠加相应的一次调频作用，以增加机组一次调频的效果。只要汽轮机转速测量值与额定值之间的偏差超出设定的死区，一次调频回路就会按设计的方式起到调节作用。电力系统低频振荡发生时，一旦探测到转速变化，汽轮机组就会通过一次调频作用参与到电力系统低频振荡中来，并为振荡提供持续的能量，增大低频振荡的破坏作用。

某 600MW 机组一次调频试验过程中，因一次调频曲线参数设置错误，导致一次调频指令增加 6.4 倍，系统发生了频率为 1Hz 的低频振荡，机组功率波动范围为 188～580MW，汽轮机转速波动范围为 2994～3010r/min。

在此期间，区域电网也出现振荡，并导致部分区域电网保护脱开。该机组退出一次调频后低频振荡平息。一次调频作用一旦参与到低频振荡中来，迅速撤出一次调频回路是平息电力系统低频振荡的最直接最有效的方法。

除一次调频回路参数设置错误外，为了片面追求一次调频效果而人为降低汽轮机转速不等率的做法也很常见，即在一次调频转速范围内总的转速不等率按规定值设置，但小转速差时的转速不等率却设置为较小的值，这样会降低系统阻尼，易造成低频振荡。实际上目前 CCS＋DEH 的一次调频方式已经在事实上造成了转速不等率的降低，再人为减少转速不等率，如果汽轮机组配汽函数设置再不合理，诸多不利因素叠加起来，系统的抗干扰能力就会变弱，外界扰动很容易诱发电力系统低频振荡。

五、汽轮机调节汽阀开度晃动

调节汽阀开度晃动是汽轮机运行时常见的故障现象，除配汽函数与控制参数设置不当外，调节汽阀的伺服阀、LVDT、控制电磁阀以及汽轮机控制油压力波动或者调节汽阀卡涩等故障也会引起调节汽阀开度晃动。当调节汽阀开度晃动造成的规律性扰动的频率与电力系统固有频率接近时，将会产生共振，从而引起低频振荡。第二节所述典型低频振荡［案例 3］就是汽轮机调节汽阀开度晃动导致电力系统低频振荡的一个实例。

汽轮机调节汽阀晃动给电力系统提供了一个强迫扰动源，如果调节汽阀开度晃动是由其自身故障引起，所造成的低频振荡一般可由共振理论进行解释。但由于共振原因，振荡能量可能会大大增强，仅仅通过振荡幅值很难判断哪台机组为振荡源，因此问题的关键是如何迅速定位扰动源，至于调节汽阀开度晃动这一缺陷则相对容易消除。

六、信号波动

就汽轮机组而言，机组 AGC 信号、汽轮机遥控负荷指令信号、有功测量信号以及汽轮机转速或电网频率信号等均与电力系统低频振荡密切相关。这些信号的规律性频繁波动或使用不当均有可能造成机组功率振荡。从实际情况看，因信号解制解调与传送过程中受干扰而引起信号 AGC 信号波动、因使用通信方式传送汽轮机遥控负荷指令信号而造成的调节振荡、因将功率信号滤波后使用而导致控制频繁反复调整或分散控制系统故障引起信号跳动等原因，均会诱发电力系统低频振荡。

目前多数大型汽轮机组一次调频功能均使用本机转速信号作为判断与计算的依据，这样做的基础是汽轮发电机组处于稳态过程，汽轮机转速信号能够准确反映电网频率。当汽轮发电机组处于暂态过程时，这一基础并不存在。例如外界电网故障时，汽轮发电机组转速测量信号可能会瞬间大幅度变化，而电网的频率还维持原状，此时虽然电网不需要，但该机组的一次调频功能仍然会启动；转速信号反复变化时，汽轮机调节汽阀也会频繁开关，当动作频率与系统固有频率一致时，就会诱发电力系统低频振荡。如果一次调频功能使用电网频率信号作为判断与计算的依据，则可避免上述情况的出现。

七、控制系统的延时

汽轮机控制系统中不可避免地存在着大量的延时环节，除人为设置外，数字式控制系统的扫描周期是造成延时的最主要原因。如前所述，转速闭环控制汽轮机调速系统的相位滞后超过 90°时，达到分界频率，其开始提供负阻尼。理论分析表明，纯延时环节会增加汽轮机调速系统滞后角度，增加的数值与延时时间以及振荡频率之积成正比，这一结论说明，延时环节会通过影响分界频率而改变调节系统的阻尼特性。具体是改善还是恶化要看延时的大小，当延时过大时，系统可能会出现多个分界频率。按此分析，振荡频率为 1Hz 时，0.1s 的控制系统扫描周期至少会给调速系统相位增加 36°的滞后角度，会显著影响其阻尼特性。

第五节　低频振荡扰动源的定位

电力系统低频振荡发生时，迅速定位扰动源是快速平息振荡的前提。

定位电力系统低频振荡扰动源的主要方法有数据拟合仿真法、能量分析法、行波检测法等，这些方法多基于电力系统广域测量系统（WAMS）或相量测量单元（PMU）采集的数据开展理论分析，有力地促进了电力系统低频振荡扰动源快速定位技术的发展。

从实用方面看，有代表性的低频振荡扰动源定位方法有三种：①从PMU 中获得某机组的电气功率与汽轮机转速两个主要测量数据，依据"机械功率的波动相位超前于电气功率的波动相位，可以认为该机组是强迫振荡源"的原理，在线分析判断该机组是否为扰动源，该方法已应用于智能电网调度技术支持系统中；②利用电网 WAMS 数据，借助 GPS 的参照时标，根据传波到电网中不同位置的扰动行波相似性或者用它来计算其在线路上的传播延时时间，并利于时差来定位电网中的低频振荡扰动源，该方法已申请专利；③基于"系统的总能量与振幅对应，产生能量的元件对振荡衰减的贡献为负，可认为是振荡源"这一认识，利用电网 WAMS 数据，在分析网络中的能量源以及能量流动的基础上，利用电网中的振荡能量流定位扰动源。

当然，并不是所有的低频振荡现象都需要对扰动源定位，如局部低频振荡就不需定位；但当多机低频振荡发生时，扰动源定位工作就显得很有意义。尤其是在特高压交直流混联电网建设持续推进、电力系统结构日趋复杂化的背景下，解决电力系统低频振荡扰动源定位问题显得尤为迫切。

第六节　低频振荡对汽轮机组的危害

汽轮发电机组参与的低频振荡，无论是外界扰动引起的还是自身缺陷造成的，对其运行安全性的最大影响主要表现在两个方面，一是因发电机功角晃动而可能导致的汽轮机转速测量值大幅度波动，二是机组有功功率的大幅度波动而造成的汽轮机调节汽阀开度大幅度晃动。

一、转速测量值对机组产生影响

低频振荡发生时，汽轮机组转速测量值常会随机组的有功功率一同波动，理论上两者波动的频率应基本一致。但由于转速信号测量环节众多，汽轮机控制系统自身的软硬件也都有一定延时，对于常见的频率为1Hz左右的电力系统低频振荡而言，汽轮机控制系统记录到的转速信号波动频率可能会与功率信号不一致。这影响着汽轮机调速系统在低频振荡时的表现，可能使调速系统的调节作用加剧系统振荡。

电力系统低频振荡对汽轮机转速测量值的影响有时候是巨大。某50MW汽轮发电机组因自身调速系统电液转换器故障而多次引发电力系统低频振荡，汽轮机组转速测量值多次巨幅波动，如图9-5所示，偶尔甚至达到调速系统的超速控制（OPC）动作定值（3090r/min），造

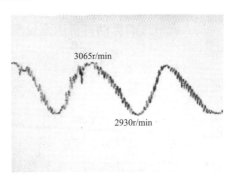

图9-5　某汽轮机组转速大幅度波动曲线

成汽轮机调节汽阀快关，严重威胁机组的安全运行。

并网运行的汽轮机组，其转速测量值主要通过三个途径对机组安全运行产生影响：一是通过一次调频回路；二是通过OPC回路；三是通过低频切机或超速保护功能。低频振荡发生期间，汽轮机的转速测量值一旦超出一次调频死区，机组一次调频回路开始发挥作用。由于多数汽轮发电机组还不具备在线识别低频振荡的能力，当汽轮机转速测量值周期性地在正负偏差之间转换时，汽轮机的调节汽阀会按一次调频回路的要求反复开关，一次调频回路的参与也会加剧振荡的幅度。电力系统低频振荡发生时，类似的现象较为常见，应引起足够的重视。为了降低此时转速测量值反复波动的影响，可以在一次调频回路的频差后增加一个0.5～1s的惯性环节，或者将一次调频中的转速信号由取自本机改为取自高精度的电网频率信号。由于多数低频振荡情况下电网频率比本机转速更稳定，如此可减少一次调频动作及其影响。

机组在电力系统低频振荡期间，汽轮机转速测量值巨幅波动的情况并不常见，多发生在与系统连接相对较弱的小型机组上。但由于汽轮机调节

汽阀通过 OPC 回路快关对机组影响巨大，多数机组也不具备 OPC 动作后再次恢复正常运行的能力，一旦此类事件发生，机组只能被迫停运。如果汽轮机的轴系参数对调节汽阀快关较为敏感，就难免会发生汽轮机组严重损坏事故；如果转速测量值的波动触及低频切机或超速保护定值，则机组会直接停运。

二、调节汽阀晃动对机组产生影响

电力系统低频振荡发生时，汽轮机转速测量值波动的影响会通过一次调频回路作用于机组的控制系统，导致汽轮机调节汽阀开度出现反复波动。同样低频振荡发生时，机组的功率测量值也会随之波动，这对于经常处于功率闭环协调方式下运行的汽轮发电机组来说，最直接的影响就是机组调节系统反复动作，汽轮机调节汽阀开度持续波动。如果电力系统低频振荡的频率较高，也可能会发生因功率信号测量问题导致的机组功率测量值的波动，最终都会通过汽轮机调节汽阀开度反复波动来影响机组的安全运行。图 9-6 是某 1000MW 超超临界汽轮发电机组一次低频振荡时调节汽阀开度与功率的波动曲线，虽然调节汽阀开度变化较小，但很明显其发生了波动，并且波动频率与功率基本一致。

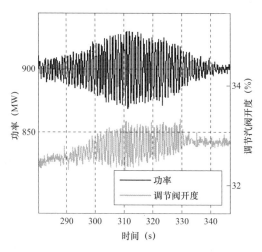

图 9-6　某机组低频振荡时功率与调节汽阀开度的变化曲线

对于多数汽轮发电机组来说，汽轮机调节汽阀开关时间与响应速度很难满足低频振荡发生时控制系统快速调整的需求，再加上汽轮机组控制系统数据采样周期一般在1s左右，汽轮机调节汽阀开度波动表现出来的频率往往与低频振荡频率相差较大。某1000MW超超临界汽轮发电机组发生了一次低频振荡，取自PMU的数据表明该机组功率振荡区间为860～1150MW，汽轮机转速振荡区间为2992～3002r/min，振荡持续时间约3min，振荡频率约1.1Hz。图9-7为该机组低频振荡期间取自汽轮机控制系统的各主要信号的变化曲线，功率、转速、调节汽阀开度等信号振荡频率约为6.3Hz，出现了一定失真。值得注意的是，从图9-7可以明显看出，在调节汽阀反复开关的过程中，汽轮机控制油（EH油）压力从16MPa持续降低到12MPa，此时备用EH油泵启动，EH油压力逐渐恢复，否则EH油压力降低到10.5MPa时将会触发汽轮机跳闸。

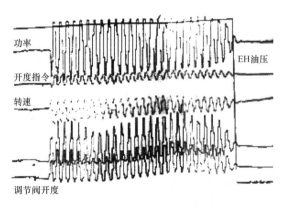

图 9-7　某机组低频振荡时主要信号变化曲线

类似的事件并不鲜见。某上汽600MW亚临界抽凝式汽轮机单阀运行时，因系统发生疑似低频振荡，在一次调频与功率调节回路的共同作用下，汽轮机4只调节汽阀开度在50%～90%之间反复波动，EH油压力持续降低，备用EH油泵自启，但EH油压力仍无法维持，随后EH油压力低保护动作，汽轮机跳闸。上述过程总计持续1min左右。事后确认，上述过程中EH油系统各蓄能器均正常投入。

汽轮机调节汽阀短时间内大幅度开关会造成EH油压力下降，这是正常现象，下降的幅度和速率与 EH 油泵容量、EH 油系统蓄能器、调节汽阀油动机大小、调节汽阀开关时间等多个因素密切相关。一般来说，如 EH 油系统配置合理，汽轮机调节汽阀以一定的速度反复开关，用油量加大，会促使 EH 油泵出口压力降低的同时增加供油量，系统会在一个较低的 EH 油压力下达到一个新的平衡状态，待调节汽阀稳定后 EH 油压力再恢复到之前的状态。汽轮机控制油系统的设计也会考虑这一异常的工况。但问题是电力系统低频振荡发生时，汽轮机调节汽阀可能会巨幅高频晃动，如果事故时汽轮机多个调节汽阀均参与调节，对 EH 油的需求将大大超出设计值，极易造成 EH 油压力持续降低到汽轮机跳闸值；如果此时再有蓄能器未正常投入，事故风险更会大大增加。

三、汽轮机调节汽阀反复开关测试与建议

结合上述案例分析认为，电力系统低频振荡发生时，汽轮机 EH 油压力随其调节汽阀开度波动而持续降低，这是极大的安全隐患。为了证实此类问题的普遍性，特选取国内常见的上汽 600MW 亚临界汽轮机组进行相关测试。该汽轮机共配置有 6 只气液式高压蓄能器，平均分成两组布置在两侧调节汽阀旁，蓄能器的充氮压力为 9.3MPa，所有蓄能器在试验期间正常投入。试验分两次进行，第一次以 4s 为周期，使 4 只调节汽阀同时由

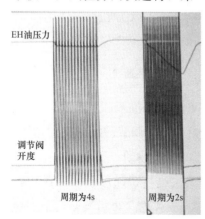

40% 开度强制开启到 100% 开度，然后再关至 40% 开度，如此反复多次，观察 EH 油压力变化情况；第二次以相同的操作方法，以 2s 为周期进行上述测试。结果表明，以 4s 为周期时，EH 油压力下降 0.6MPa 后稳定，不再继续下降；而以 2s 为周期时，经 46s 后 EH 油压力下降约 2MPa，并且仍持续下降，无稳定迹象，具体如图 9-8 所示。

图 9-8 汽轮机调节汽阀
反复开关测试曲线

上述测试结果表明，该机组 EH 油

泵供油能力一定时，调节汽阀油动机频繁快速供、排油，必会导致 EH 油压力持续降低。如果发生电力系统低频振荡，该机组所有调节汽阀开度同时大幅度晃动持续一定时间后，必然会因 EH 油压力低而跳闸。

国内不少机组采用节流配汽或长期处于单阀运行方式，电力系统低频振荡发生时所有调节汽阀都同时参与调节，不同程度地均存在 EH 油压力低而跳闸的风险。为此建议：①保持电力系统稳定器（PSS）正常投运，降低系统低频振荡风险；②适当增加 EH 油泵与蓄能器容量，并确保蓄能器在机组运行各阶段均正常投入；③适当提高 EH 油压低联启备泵定值；④做好风险预控，在汽轮机高压调节汽阀阀位持续大幅度晃动时立即撤出一次调频，并将 DEH 撤至基本控制方式。

第七节　易引起低频振荡的操作与缺陷

对于汽轮机组而言，下列操作、试验或故障容易诱发电力系统低频振荡现象。当电网检修导致机组与电网之间连接变弱、或新建及改造后的机组第一次进行这样的操作时尤其应该注意。

（1）汽轮机配汽方式切换。造成低频振荡的主要原因可能是汽轮机配汽曲线与其流量特性不符、切换时间过短或 DEH 侧功率控制闭环投入。

（2）汽轮机汽阀活动性试验。DEH 侧功率控制闭环投入或功率控制 PID 参数不正确。

（3）一次调频回路投入。造成低频振荡的主要原因可能是一次调频回路参数设置错误、局部转速不等率设置过小等。

（4）机组频繁反复改变负荷。造成低频振荡的主要原因可能是功率控制 PID 参数不正确。

（5）DEH 侧功率闭环控制功能投入。造成低频振荡的主要原因可能是 DEH 侧功率闭环控制功能未进行过调试，参数设置不正确，或者该功能投入后造成系统阻尼变小。

（6）汽轮机调节汽阀开度晃动。

（7）汽轮机转速或机组电气功率等关键信号波动。

第八节 低频振荡的抑制

除按规定投用与优化 PSS 功能外，就汽轮机组而言，抑制电力系统低频振荡可从优化控制逻辑、做好网源协调相关试验与测试、振荡发生后迅速采取正确的操作等方面进行。

一、优化控制逻辑

合理的汽轮机组控制逻辑可最大限度地避免电力系统低频振荡的发生，但目前 DCS 与 DEH 的逻辑设计很少会考虑到这一问题。结合当前工程实际，以下措施可先行实施：

（1）在一次调频功能中，采用高精度的电网频率信号代替本机组汽轮机转速信号，这样可以有效抑制局部低频振荡。

（2）在汽轮机配汽方式切换逻辑中，取消切换时 DEH 侧功率控制闭环自动投入逻辑，改为在配汽方式切换前由人工投入 DCS 侧协调控制功能，同时将切换时间改为 4min 以上。

（3）设置机组协调控制功能与 DEH 侧功率闭环控制功能相互闭锁逻辑。

（4）将 DCS 与 DEH 之间汽轮机遥控负荷指令信号由通信方式或数字量硬接线方式改为模拟量硬接线方式。

（5）将汽轮机调节汽阀开度指令与反馈信号引入 PMU 采集系统中。

（6）重新审视 DCS 与 DEH 操作站上不设置一次调频功能投切控制按钮的要求是否合理，建议增加这一按钮并加强管理。

为了抑制低频振荡，可尝试使用一种新型的电力系统稳定器（GPSS），它经 DEH 控制逻辑作用于汽轮机调速系统，表现为一个消耗振荡能量的环节，通过汽轮机调节汽阀直接增减汽轮机的功率来产生阻尼力矩，起到抑制低频振荡的作用。此外也有在汽轮机控制系统中使用带阻滤波器来抑制低频振荡的设计，具体为通过对机组功率、汽轮机角速度以及调节汽阀阀位指令与反馈的监测分析，判断系统振荡是否与汽轮机调速系统有关，一旦确认有关即投入滤波器，并与 PID 控制器串联，滤除低频振荡扰动信号，从而平息振荡。

二、严格试验测试

通过试验与测试，发现汽轮机组可能存在的涉及电网方面的问题，并及时进行整改，可以有效预防电力系统低频振荡的发生。就汽轮机组而言，除了及时消除运行中调节汽阀开度晃动问题，严格按要求进行以下试验与测试十分关键。

（1）汽轮机调节系统静态试验。通过该试验确认汽轮机调节汽阀动作灵活，控制线性度良好，行程与开关时间满足要求。

（2）汽轮机流量特性试验。通过该试验整定汽轮机配汽函数，提高机组控制的线性度。对于新建或改造机组，这项试验是基础，十分必要。配汽函数没有重新整定，汽轮机顺序阀方式就不能投入使用；运行老化等也会使汽轮机配汽函数偏离其流量特性，因此该试验需要定期进行。

（3）一次调频试验。该试验可验证机组的一次调频能力，试验前应对一次调频功能相关逻辑、参数设置的合理性与正确性进行检查确认，避免贸然投入一次调频功能造成系统振荡事件发生。

（4）机组 AGC 与协调控制功能试验。通过该试验，确认各数据接口工作正常，整定机组协调控制参数，使控制效果达到规定要求。

（5）DEH 侧功率闭环回路投运试验。通过该试验，整定功率闭环控制参数；如果汽轮机组设计有并且会用到该功能，一定要确保该项试验不被遗漏。

（6）汽轮机及其调速系统建模与参数测试。机组新建、改造、大修、软件修改或其调速系统重要参数发生变化后，均要进行该项试验，由此准确获得该机组主要的涉网信息，以利于在规划设计与事故分析等环节中进行电力系统综合仿真计算。实际上，一旦发生了低频振荡，分析计算用的机组信息均来源于此。

三、迅速正确操作

电力系统低频振荡具有突发性、随机性的特点，短期内难以完全解决。汽轮机组运行时一旦发生功率周期性反复振荡，建议立即采取以下措施：①将机组退出 AGC 控制；②汽轮机转速也振荡时，迅速撤出一次调频功能；③如 DEH 侧功率闭环回路投用，迅速将其撤出；④将机组协调退出，汽轮机切换到阀位控制方式；⑤上述 4 项措施未使振荡平息时，应该将机组出力降低至最低技术出力并维持出力稳定；⑥等待调度指令，做好手动解列机组的准备。

以上分析说明，电力系统低频振荡危害巨大，汽轮机及其调速系统与电网低频振荡关系密切，并相互影响。汽轮机组可能会成为低频振荡的扰动源，也可能会随外界扰动而振荡，但无论如何，都会严重威胁机组的安全稳定运行。就已发生的多起汽轮机及其调节系统参与的低频振荡而言，目前的故障分析多为事后解释性分析，难以做到事前控制。汽轮机配汽函数与其流量特性不符、机组一次调频功能异常、汽轮机调节汽阀晃动等是诱发电力系统低频振荡的最常见因素，通过相关试验与测试可提早发现这些缺陷，贸然投用这些功能可能会导致低频振荡的发生。汽轮机组的多种操作都可能诱发电网低频振荡，一旦确认机组参与了低频振荡，应迅速采取一次调频功能撤出、汽轮机切换到阀位控制方式等操作，确保电网与机组安全。

参 考 文 献

[1] 沈士一. 汽轮机原理［M］: 北京: 中国电力出版社, 1998.

[2] 曹祖庆. 汽轮机变工况特性『M』. 北京: 水利电力出版社, 1991.

[3] 李维特, 黄保海. 汽轮机变工况热力计算［M］. 北京: 中国电力出版社, 2001.

[4] 张宝, 胡洲, 应光耀. 大型汽轮发电机组典型故障案例分析［M］. 北京: 中国电力出版社, 2018.

[5] 上海新华控制技术（集团）有限公司. 电站汽轮机数字式电液控制系统—DEH. 北京: 中国电力出版社, 2005.

[6] 中国动力工程学会. 火力发电设备技术手册［M］. 第二卷: 汽轮机. 北京: 机械工业出版社, 1998.

[7] 张宝, 樊印龙, 童小忠. 大型汽轮机顺序阀方式投运试验.［J］汽轮机技术, 2009, 51（1）: 48-50.

[8] 于达仁, 刘占生, 李强, 等. 汽轮机配汽设计的优化［J］. 动力工程, 2007, 27（1）: 1-5.

[9] 徐熙瑾, 王学根, 朱朝阳. 改变阀门配汽特性降低主机轴承温度. 汽轮机技术, 2007（3）: 220-222.

[10] 顾伟飞, 吴华强. 轴系调整实现汽轮机顺序阀方式投运. 电力科学与工程, 2008（7）46-48.

[11] 谭锐, 刘晓燕, 陈显辉, 等. 超临界 600MW 汽轮机运行优化研究.［J］东方汽轮机, 2011,（4）: 11-14.

[12] 张曦, 黄卫剑, 朱亚清, 等. 汽轮机阀门流量特性分析与优化.［J］南方电网技术, 2010, 4（增刊 1）: 72-75.

[13] 徐大懋, 邓德兵, 王世勇, 等. 汽轮机的特征通流面积及弗留格尔公式改进.［J］动力工程学报, 2010, 30（7）: 473-477.

[14] 李维特, 祁智明, 黄保海. 确定凝汽式汽轮机末级临界流量与临界压比的数值方法.［J］动力工程, 1998, 18（4）: 1-6.

[15] 陈坚红, 乔庆, 张宝, 等. 汽轮机调节级临界压比特性［J］. 浙江大学学报（工学版）, 2014, 48（11）: 2072-2079.

[16] 张春发，崔映红，杨文滨，等. 汽轮机组临界状态判别定理及改进型 Flugel 公式. [J] 中国科学 E 辑，2003，33（3）：264-272.

[17] 张宝，樊印龙，顾正皓，等. 大型汽轮机流量特性试验. [J] 发电设备，2012，26（2）：73-76.

[18] 李勇，曹丽华，刘莎. 汽轮机调节汽门数学模型的建立方法研究. [J] 汽轮机技术，2008，50（4）：241-243.

[19] 高怡秋，周振东，张李伟. 基于 CFD 的蒸汽调节阀流量特性研究之一. [J] 汽轮机技术，2011，53（5）：328-330.

[20] 李宁，张怡，郗梦杰. 现场汽轮机调速汽门流量特性曲线的测定方法分析. [J] 河北电力技术，2010，29（4）：18-19.

[21] 张宝，童小忠，顾正皓，等. 通过试验计算汽轮机调节级临界压比. [J] 汽轮机技术，2012，56（6）：419-421.

[22] 张宝，顾正皓，樊印龙，等. 通过试验计算汽轮机的流量特性 [J]. 汽轮机技术，2013，55（3）：215-218.

[23] 田松峰，史志杰，闫丽涛. 汽轮机控制系统中阀门重叠度的研究. [J] 汽轮机技术，2008，50（6）：448-450.

[24] 范鑫，秦建明，李明，等. 超临界 600MW 汽轮机运行方式的优化研究 [J]. 动力工程学报，2012，32（5）：356-361.

[25] 吴永存，罗志浩，陈卫，等. 1000MW 超超临界机组全程背压修正及滑压优化研究 [J] 电站系统工程，2012，28（2）：22-24.

[26] 李劲柏，刘复平. 汽轮机阀门流量特性函数优化和对机组安全性经济性的影响 [J]. 中国电力，2008，41（12）：50-53.

[27] 屈焕成，张荻，谢永慧，等. 汽轮机调节级非定常流动的数值模拟及汽流激振力研究 [J]. 西安交通大学学报，2011，45（11）：39-57.

[28] 郭瑞，杨建刚. 汽轮机进汽方式对调节级叶顶间隙蒸汽激振力影响的研究 [J]. 中国电机工程学报，2006，26（1）：8-11.

[29] 吴华强，张彩，董益华，等. 东汽 600MW 亚临界汽轮机配汽方式改造 [J]. 电力科学与工程，2013，29（8）：73-78.

[30] 田丰. 我国 600MW 等级汽轮机甩负荷试验现状分析 [J]. 汽轮机技术，2010，52（3）：221-224.

[31] 张宝，徐熙瑾，沈全义. 甩负荷预测功能失效时的甩负荷试验 [J]. 汽轮机技术，

2006，48（2）：124-126.

[32] 俞成立. 1000MW 汽轮机组甩负荷试验分析［J］. 华东电力，2007，35（6）：32-34.

[33] 俞友群. 西门子 T-300 DEH 系统甩负荷识别功能的分析［J］. 浙江电力，2014（7）：54-56.

[34] 王异成，张宝，丁阳俊，等. 660MW 机组甩负荷试验时转速飞升过高原因分析［J］. 浙江电力，2015（9）：46-49.

[35] 周轶喆，鲍文龙，方天林. 660MW 机组甩负荷试验转速飞升过高原因分析［J］. 浙江电力，2018（12）.

[36] 高强，张小聪，施正钗，等. ±800kV 宾金直流双极闭锁故障对浙江电网的影响［J］. 电网与清洁能源，2014，30（11）：47-51.

[37] 费章胜，卢宏林，何永君，等. 特高压直流闭锁后超（超）临界机组大频差控制策略［J］. 中国电力，2017，50（8）：29-31.

[38] 宣晓华，尹峰，张永军，等. 特高压受端电网直流闭锁故障下机组一次调频性能分析［J］. 中国电力，2016，49（11）：140-144.

[39] 张宝，顾正皓，应光耀，等. 汽轮机转速不等率对机组一次调频能力的影响［J］. 中国电力，2018，51（7）：78-83.

[40] 包劲松，孙永平. 1000MW 汽轮机滑压优化试验研究及应用［J］. 中国电力，2012，45（12）：12-15.

[41] 王一振，马世英，王青，等. 大型火电机组动态频率响应特性［J］. 电网技术，2013，37（1）：106-111.

[42] 孙永平，童小忠，包劲松，等. 上汽一西门子超超临界 1000MW 汽轮机的优化运行［J］. 动力工程学报，2014，34（3）：196-199

[43] 樊印龙，张宝，顾正皓，等. 节流配汽汽轮机组一次调频经济代价分析［J］. 中国电力，2016，49（7）：86-89.

[44] 张宝，杨涛，项谨，等. 电网瞬时故障时汽轮机汽门快控误动作原因分析［J］. 中国电力，2014，47（5）：25-28.

[45] 杨涛，黄晓明，宣佳卓. 火电机组有功功率变送器应用分析［J］. 中国电力，2016，49（6）：53-55.

[46] 艾东平，李应凯，杨曦，等. 汽轮机功率负荷不平衡保护改进与参数设置［J］. 中国电力，2017，50（8）：125-128.

［47］过小玲，郑渭建. 取消东汽机组 PLU 保护的可行性探讨［J］. 浙江电力，2013
　　　（1）：52-54.

［48］苏寅生. 南方电网近年来的功率振荡事件分析［J］. 南方电网技术，2013，7（1）：
　　　54-57.

［49］杜文娟，毕经天，王相峰，等. 电力系统低频功率振荡研究回顾［J］. 南方电网技
　　　术，2016，10（5）：59-66.

［50］徐衍会，王珍珍，翁洪杰. 一次调频试验引发低频振荡实例及机理分析［J］. 电力
　　　系统自动化，2013，37（23）：119-124.

［51］张宝，樊印龙，顾正皓，等. 汽轮机组参与电力系统低频振荡的机理与抑制措施
　　　［J］. 中国电力，2016，49（12）：91-95.

［52］肖鸣，梁志飞. 南方电网强迫功率振荡事故分析及其处置措施［J］. 南方电网技术，
　　　2012，6（2）：51-54.

［53］盛德仁，韩旭，陈坚红，等. "能源互联网"下特高压输电对汽轮机组的影响分析
　　　［J］. 中国电机工程学报，2015，35（增刊）：132-137.

［54］文贤馗，邓彤天，于东，等. 汽轮机单阀—顺序阀切换造成电力系统振荡分析.［J］
　　　南方电网技术，2009，3（2）：56-58

［55］伍宇忠，张曦，朱亚清. 热工控制系统原因引发机组功率振荡的机理探讨及防控措
　　　施［J］. 广东电力，2013，26（6）：63-68.

［56］张宝，樊印龙，顾正皓，等. 汽轮机调速系统中影响电力系统低频振荡的关键因素
　　　［J］. 中国电力，2017，50（1）：105-110.

［57］文贤馗，钟晶亮，钱进. 电网低频振荡时汽轮机控制策略研究［J］. 中国电机工程
　　　学报，2009，29（26）：107-111.